KB095047

인류역사를 바꾼
과학자들의 숨은 이야기

과학자의 에피소드

과학나눔연구회 **정해상** 편저

일진사

머리말

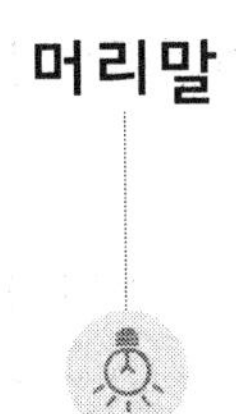

과학이 발휘하는 매력의 하나는 그것을 담당한 인간의 감동적 드라마일 것이다. 과학은 객관적인 지식의 추구(追求)이지만, 그것을 추구하는 연구는 인간의 드라마이다.

역사에 이름을 남긴 걸출한 과학자의 전기를 읽어 보면, 거기에는 이색(異色) 능력의 개인과 동시에 그들을 둘러싼 사회도 엿보인다.

이 책에서 다룬 글들은 편저자 나름으로 그때그때 우연히 마주친 역사상의 과학자에 대한 인물과 제도(制度)와 성과를 기록한 것이다. 인물과 성과 등을 체계적으로 선택한 것은 아니지만 이색적인 에피소드가 전체적인 테마인 것은 사실이다. 그리고 그 에피소드들 역시 저자 나름의 편향에 유래하는 지식과 경험의 표백에 불과한 것이라고 할 수 있다. 따라서 다른 경력의 사람 입장에서 본다면 에피소드의 기준 역시 다를지도 모른다.

이 책에서 다룬 과학자의 수는 극히 소수에 불과하다. 하지만 그 중에는 조숙한 천재아도 있고 실험에 실패를 거듭한 사람도 있다. 현실적 세계에서 풍요롭게 살아 지위도 명예도 충분히 누린 사람이 있는가 하면, 뛰어난 능력과 업적에도 불구하고 가난하게 살다 생을 마친 사람도 있다.

또 비록 소수이지만 그 발견·발명의 경위는 다양해서, 번뜩이는 착상에서 출발한 경우도 있고, 오래도록 꾸준한 관찰의 결과 마무리된 것도 있다. 몇 사람의 협력에 의한 것과 상당한 시일이 지난 선인(先人)들의 업적 위에 성립된 발견도 있다.

끝으로 이 책을 읽는 독자들에게(특히 청소년들에게) 간곡히 두 가지만 부탁할 것이 있다. 흔히 유명한 과학자라고 하면 나와는 아무런 관련도 없는 별천지의 인간이라 생각하기 쉽다. 그러나 결코 별천지의 사람이 아니라 그들도 다양한 운명과 고뇌를 가진 한낱 인간에 불과하다는 것을 명심하기 바란다.

두 번째로 그들이 역사에 이름을 남긴 업적을 거둔 것은, 그들 나름의 노력이 뒷받침했다는 것을 깨닫기 바란다. 즉, 오늘날의 젊은이들은 모두 큰 가능성을 지닌 하나하나의 인간이므로 그 가능성을 어떻게 개척하느냐가 그 사람에게 주어진 과제라는 것을 늘 잊지 않기 바란다.

편저자 씀

차례

왕립연구소와 톰슨

파란만장했던 럼퍼드의 생애

과학에 대한 공헌

과학사(科學史) 책에는 연소(phlogiston)와 열소(calorick)라는 말이 가끔 등장한다. 오늘날에 이르러서는 모두 쓰이지 않는 사어(死語)가 되었지만 연소(燃素)는 연소라는 현상의 정체(正體)를, 또 열소(熱素)는 열이라는 물질을 나타내는 개념으로 18세기 말에서 19세기 전반에 걸쳐 과학계를 지배했다.

연소라는 아이디어는 18세기 말의 프랑스혁명에서 단두대의 이슬로 사라진 화학자 앙투앙 라부아지에(Antoine Laurent Lavoisier, 1743~1794)가 새로운 연소이론으로 제시했고, 또 하나의 개념인 열소는 그 후에도 얼마간 생명을 부지했었다. 오늘날에 이르러 열은 물질이 아니라 에너지, 즉 운동의 한 형태란 것이 과학의 상식이지만 당시에는 라부아지에마저도 자신이 만든 원소표 안에 이 열소를 하나의 물질적 실체로 넣었을 정도였다.

럼퍼드 백작

이 열소라는 아이디어에 처음 실험적 반증을 제시한 사람은 벤저민 톰슨(Benjamin Thompson, 1753~1814)이었다. 그는 또 열과 관계가 있는 많은 유용한 기술을 개발했다. 고압의 가마솥과 가스곤로를 착상하고 열량계와 알코올 온도계를 발명했으며, 후에 럼퍼드 백작(Count Rumford)이 되었다.

미국의 과학 저널리스트 샤피가 그의 저서 『아메리카의 과학자』에서 미국 과학의 기초를 다진 19명의 과학자의 생애를 쓰면서 세 번째로 다룬 것이 톰슨이었다. 그러나 그의 연구 장소는 출생한 나라인 미국이 아니라 영국 식민지성과 신성로마제국 안의 바이에른 선제후(選帝侯)의 궁정이었다. 샤피는 톰슨이 이국에서 활동하기는 했지만 미국의 과학자란 것을 계속 강조했다. 이것이 오히려 18세기 말에서 19세기 전반에 걸쳐 미국에는 아직 세계적인 과학자를 탄생시킬 만한 충분한 토대가 없었다는 것을 예증하는 것이 되어 매우 흥미롭다. 참고로, 첫째는 미국 식물학의 아버지로 불리는 토머스 해리엇(Thomas Harriot, 1560~1621)이고, 두 번째는 번개와 피뢰침으로 유명한 벤저민 프랭클린(Benjamin Franklin, 1706~1790)이며, 톰슨은 프랭클린 다음에 미국이 낳은 대과학자이다.

파란만장했던 인생사

톰슨의 경력은 과학자가 직업인으로서 겨우 독립하기 시작한 당시로서는 한때 왕족의 지원을 받는 등, 너무도 변전이 무쌍했다. 출생국이 미국이면서도 독립에 반대하는 싸움에 참가하고 영국에 망명해서 과학 연구에 종사했는가 하면 일전(一轉)해 유럽으로 건너가 바이에른 선제후에 기탁해 거기서 과학사에 금자탑을 쌓은 착상에 도달하고, 다시 영국으로 가서 국왕을 설득해 왕립연구소를 설립했다. 그리고 말년에는 파리에 가서 처형당한 라부아지에의 미망인과 재혼했으나 오래지 않아 이혼하고 파리 근교의 작은 마을에 파묻혀 고독하게 살다가 그 땅에서 객사했다.

이것은 말하자면 큰 줄거리에 불과하고 만약 세부적으로 그가 이력서를 쓴다면 별표와 같은 것이 될 것이다. 그러나 그는 자기 이력에 관해 어떤 기록도 남겨 놓지 않았다.

톰슨의 이력서

‖ 학력 ‖

- 미국 시대(1753~76)
  1753년 미국 매사추세츠 주 워번(Woburn)에서 중농(中農)의 아들로 태어나 13세에 살렘(Salem)의 양복점 점원, 20세 때 럼퍼드 마을 학교 교사. 주지사 아래서 공무에 종사. 보스턴(Boston)에서 군에 입대. 독립전쟁에서는 영국 쪽에 가담했으나 패배하다.
- 제1차 영국 시대(1776~83)
  영국에 망명. 식민지성 관리. 기병대장으로 독립군과 싸우다.

- 바이에른 선제후국 시대(1783~98)
  바이에른 선제후 아래서 군무장관 · 내무장관 · 궁내장관으로 군사 · 교육 · 위생 · 주택 · 병원사업 · 빈민구제 등 광범위한 분야에서 재완(才腕)을 발휘하다.
- 제2차 영국 시대(1798~1804)
  1799년에 왕립연구소(Royal Institution)를 설립하고 간사로 근무하다.
- 프랑스 시대(1804~14)
  파리 근교에서 살다가 그곳에서 객사하다.

‖ 학력 · 연구 경력 ‖

- 미국 시대
  초등교육을 중도에서 포기하고 의학을 지망, 한때 하버드 대학에 통학
- 제1차 영국 시대
  공무 틈틈이 화약 · 해상신호법을 연구하고 왕립학회(Royal Society) 회원으로 선임되다.
- 바이에른 선제후국 시대
  궁정 안에서 연구에 종사, 대포의 포신(砲身) 굴삭 작업을 감독하는 중에 열이 에너지의 한 형태라는 착상에 이르다.
- 제2차 영국 시대
  바이에른 시대의 착상을 실험적으로 증명하다.
- 프랑스 시대
  집필 활동을 하다.

‖ 처자 · 권속 ‖

- 미국 시대
  19세 때 14세 연상의 대부호 롤프(Rolfe) 대령의 미망인과 결혼해 롤프 저택에 거주. 딸 하나를 두다.
- 바이에른 선제후국 시대
  출생국인 미국에 남겨둔 아내가 사망하다(1792).
- 프랑스 시대
  라부아지에의 미망인과 재혼했으나 몇 년 지나지 않아 이혼(1805~1809). 말년에 한때 딸과 동거하다.

상벌

- 미국 시대
  왕당적(王黨的) 언동 때문에 체포되었으나 무죄 석방(1774). 그 며칠 후 영국군 사령관과 밀통한 혐의로 다시 체포, 2주간 투옥된 후 방면되다.
- 제1차 영국 시대
  나이트(knight)에 서품되다(1784).
- 바이에른 선제후국 시대
  백작으로 서품되어 럼퍼드 백작으로 불리다(1793).

보수주의자의 사회 공헌

그는 톰슨보다는 럼퍼드 백작(Rumford伯爵)으로 더 많이 호칭되고 있다. 이것은 신성로마제국에서 바이에른 선제후를 섬겼을 때의 공적으로 귀족으로 서품되어 지난날 부임한 적이 있는 마을 이름을 따라 럼퍼드 백작이라는 칭호를 부여받았기 때문이다. 그는 정부의 여러 요직에 근무했다. 그 공적에 대해 뮌헨 시에 세워진 동상의 비에는 "사회의 가장 추한 면인 나태와 걸식을 추방하고, 가난한 자에게는 지원과 일자리를 마련해 주고 도덕심을 길러 주어 백성을 진흁하고 조국의 청년에게 수많은 문화시설을 마련해 준 그에게 바친다"고 새겨져 있다.

그는 뮌헨에서 걸식과 빈궁한 자를 수용하는 '산업의 집'을 설립하고 거기서 일을 가르쳐 도움을 주었을 뿐만 아니라 적은 액수이기는 했지만 급료도 지불했다. 그리고 자활이 가능한 사람들을 교육시켜 사회에 돌려보냈다. 많을 때는 하루에 2,600명의 부랑자를 모았다고 한다. 당시 바이에른 제후국에서는 시설의 규모가 엄청났다고 할 수 있다.

하지만 같은 인물을 두고 전혀 반대의 평가도 받고 있다. "그는 미국 독립전쟁에서는 독립 쪽에 등을 돌리고 왕실 쪽에 붙었으며 거의 망명하는 형태로 몸을 의탁한 영국과 신성로마제국에서도 왕실과 밀착했다. 즉, 그는 왕실적 감각으로 처신한 비민주주의자였다"는 것이다. 그는 단지 가난한 사람에게 시혜를 베풀 뿐인 마음씨 착한 맨손으로 부(富)를 일궈 낸 소봉가(素封家)가 아니라 조직적인 구제를 시도한 사회사업가였으므로 비민주주의자로 불린 것은 부당한 것으로도 생각되지만 같은 시대의 사람이었던 프랑스의 생물학자 조르주 퀴비에(George Léopold Cuvier, 1769~1832: 천변지이설을 제창한 고생물학자)의 평은 더욱 준엄하다. "그가 동포를 위해 이룩한 일은 그들을 사랑하고 그들을 생각해서가 아니었다. 그는 서민이 자신들의 후생을 관리하는 것을 그들에게 일임해 두어서는 안 되며, 이와 같은 참담한 상황이 끝내는 반란이나 유혈 사태로 폭발하는 것을 미연에 방지할 필요가 있다고 느꼈기 때문이다"라고 했다.

이 사업에 대한 진정한 의도는 차치하고서라도, 과학에 대해서는 전술한 대로 큰 공헌을 했다. 이 점은 아무리 강조해도 지나치지 않다.

이러한 두 가지 사실로도, 즉 의도는 어디에 있든 최하층

계급과 가까이 접촉했다는 경험과 기술의 개발과 개량이 가난한 사람을 포함한 인류의 행복에 기여한다는 인식 등이 과학을 대중화하기 위한 왕립연구소라는 교육기관의 설립 구상과 맞물렸을 것이다.

그의 생애는 18세기의 제4·4반기에서 19세기의 제1·4반기에 걸친 구미(歐美)의 정치 체제와 과학계에 일어난 변화의 작은 반영이었다고도 할 수 있다. 미국 독립전쟁과 프랑스혁명이라는 세계사적인 격동의 중심에서는 아니라 할지라도 적어도 그 핵심 부분 가까이에 몸을 두고 시대의 추이를 직접 눈으로 보아 온 것이다. 하지만 만약에 가령 역사의 진행 과정에서 진보파와 반동파라는 패가름이 허용된다면 그는 늘 반동파 쪽에 있었다. 영국이라는 멍에에서 벗어나려는 미국의 독립전쟁에서는 왕당(토리당) 편에 섰고, 멸망하기 직전의 신성로마제국에 가담했으며, 또 자유와 평등·박애를 외치는 프랑스혁명에는 등을 돌렸다. 그리고 과학에 대해서는 틀림없이 진보적인 역할을 했다고 생각되는 왕립연구소에서조차 그에게는 구제도의 보수(保守) 세력에 필요한 공공시설을 설립한다고 하는 왕당적 감각의 체현에 불과했다는 견해도 있다.

타고난 용모와 말솜씨

그와 이런저런 관련을 맺은 사람은 무척 많을 것이다. 미국에서 중농(中農)의 아들로 태어나 정치의 소용돌이에 몸을 맡기고, 과학의 제1선에 가담할 수 있었던 이유의 하나는 재능은 물론이거니와 헌칠하고 잘생긴 용모, 그리고 능란한 말솜씨 때문이라고 한다. 미국에서 주지사의 직원으로 채용된 것도, 바이에른후를 섬기게 된 것도, 혹은 14세 연상의 돈 많은 롤프 미망인과 파리 사교계의 여왕 라부아지에 미망인의 마음을 사로잡은 것도 모두 그 뛰어난 용모 때문이었다고 한다.

라부아지에 미망인과의 재혼 생활은 불과 몇 년 만에 파국을 맞았다. 그것은 그의 보수적 감각과 아내의 사교성이 서로 어울리지 않았기 때문이었을 것이다. 말년에는 파리에서 가까운 오티유(Auteuil) 마을에 은퇴해 거기서 딸과 일시 동거했으나 딸은 얼마 지나지 않아 모국인 미국으로 돌아갔다.

유럽을 여행 중인 험프리 데이비(Humphry Davy, 1778~1829) 부부와 마이클 패러데이(Michael Faraday, 1791~1867)의 방문을 받고 식사도 같이 한 적이 있었다. 그러나 대부분 고독한 환경에서 또 모국에 대한 아련한 향수를 되새기며 1814년 8월 21일 그곳에서 사거했다.

수수께끼의 과학자 카르다노

천재인가, 미치광이인가

이어지는 혹평

후세의 과학사가(科學史家)는 약간 당혹하면서 과학사상 처음으로 전개된 이 선취권 다툼을 언급해 왔다. 이 다툼에서 주역(主役)의 한 사람으로, 르네상스기 이탈리아의 수학자 · 자연철학자로 '수수께끼의 과학자'로도 호칭되는 지롤라모 카르다노(Girolamo Cardano, 1501~1576)라는 인물에 대한 평가는 매우 흥미롭다.

어떤 연구가는 카르다노를 이상(異常) 인격의 소유자라며 다음과 같이 묘사하고 있다.

"부덕한(不德漢) 카르다노는 변호사인 파지오 카르다노(Fazio Cardano)의 사생아로 파비아(Pavia)에서 태어났다. 그의 아버지

카르다노는 밀라노의 법률 겸 의학교수에다 저술가이기도 했다. 그러나 아들인 카르다노는 대조적으로 성격이 이상한 인물이었다. 그는 점성가(占星家)였고 뛰어난 철학자이기도 했다. 도박꾼이었으나 1급 대수학자이기도 했다. 실험에 유능한 물리학자이기도 했지만 극도의 거짓말쟁이기도 했다. 의사였지만 아버지를 독살한 사람이었다. 한때는 볼로냐(Bologna) 대학의 교수였으나 어떤 때는 양육원의 동거인이었다. 눈병에 대한 미신을 가지고 있었지만 밀라노(Milano)의 의과대학 교수로 근무했고 그리스도의 운세도(運勢圖)에 내기를 거는 이단자였으나 로마교황으로부터 연금을 수령했다. 자신의 죽음을 예언했음에도 불구하고 적중하지 못하자 자살했다. 이처럼 항상 극단적인 인간이었고 또한 천재였다. 이탈리아의 정신병 학자 체사레 롬브로소(Cesare Lombroso, 1836~1909)는 카르다노를 가리켜 미치광이이자 천재라고 했다."

또 하나의 평가

하지만 다음과 같은 기사도 엿볼 수 있다. 의학사가인 일본의 고카와 기요마사(小川清修)는 그의 저서 『서양의학사』에서 카르다노의 경력을 다음과 같이 소개하고 있다.

"카르다노는 법률가였던 아버지로부터 엄격한 교육을 받았다. 자라서는 밀라노에서 가까운 갈라라테(Gallarate)에서 의사로 일하다 수학 교사가 되었고, 이어 그곳에서 의학교의 교직에 있었다. 1552년에는 스코틀랜드의 대승정인 해밀턴(Hamilton)

의 초대를 받아 왕진했다. 이윽고 파도바(Padova, Padua)의 의학 교수가 되어 1562년 볼로냐로 전임했고, 1570년 그를 신뢰하는 어떤 인사의 간청으로 로마로 이주했다. 그러나 말년은 비참했다. 부정(不貞)한 아내의 독살을 기도해 처형당한 장남과 방탕하고 무뢰한인 차남으로 인해 어쩔 수 없이 직장을 나와 심한 조울증에 시달렸으며, 노쇠해 세상을 떠났다."

지롤라모 카르다노의 저서 『위대한 술법』 초판 속표지에 실린 그림

이 저서는 신플라톤 철학에 바탕을 둔 자연철학 사상에서 일시적이기는 하지만 의학에 생기를 불어넣어 시대를 앞서 간 인물의 한 사람으로 밀라노 태생의 수학자·물리학자·의사인 제롤라모 카르다노의 생애를 감정의 개입 없이 소개하고 있다.

또 3차 방정식 해법의 표절 문제에 관해서 다음과 같은 기술도 있다.

"일설에 의하면 수학자 니콜로 타르탈리아(Niccolò Fontana Tartaglia, 1499~1557)는 가난뱅이인데다 신분이 낮았으므로 귀족인 카르다노에게 자신이 발견한 3차 방정식의 해법을 공표하지 않는다는 조건으로 발표를 의뢰했다."

의문에 답하다

제롤라모 카르다노는 변호사인 아버지 파지오 카르다노와 이미 세 명의 자식을 가진 미망인 사이의 사생아로 16세기 초 이탈리아 북부의 도시 밀라노에서 태어났다. 부친은 한때 파비아 대학에서 기하학을 강의한 적이 있으며, 레오나르도 다빈치와 수학(數學)상의 문제로 친교가 있었다. 레오나르도와 마찬가지로 사생아란 신분은 그 후의 그의 인생 행로에 어두운 그림자를 드리웠다.

■ 수학(修學) 시대(~1526)

커서 의학을 배우기 위해 밀라노 공국(公國) 내의 파비아 대학에 입학했으나 공국이 신성로마제국 황제 카를 5세(Karl V)와 프랑스 왕 프랑수아 1세(François I)가 자웅을 다투는 곳이 되었기 때문에 대학이 문을 닫아 이국의 땅 베네치아공화국의 파도바 대학으로 옮기게 되었다. 그의 이력을 살펴보면 파도바 대학의 학장(연대에 관해서는 일치하지 않다)이라는 높은 직함을 자주 엿보게 되는데, 이는 학생회의 회장 같은 명예직이었을 것이라고 한다. 그의 수학 시절 특히 기록할 만한 것이 있다면 1524년 아버지의 사망이다.

■ 입신(立身) 시대(1526~)

학위를 취득하고 고향인 밀라노에서 개업하려고 했을 때 그가 당한 수난은 입회를 거부하는 밀라노 의사회의 냉혹한 처사였다. 서자(사생아)라는 것이 그 이유였다. 어쩔 수 없이 파도바 교외의 사코롱고(Saccolongo) 마을에서 개업했다. 그의 자전(自傳)에 의하면 이곳에서 그는 도박을 즐기고 악기를 연주하며, 교외를 산책하고 맛좋은 안주를 즐기며 연구에 열중한 행복한 몇 년을 보냈다고 한다. 여기서 숙박업소의 주인이며 베네치아 시민군의 대위인 신분이 확실한 사람의 딸과 결혼해 세 명의 자녀를 두었다(산적의 딸은 아니었다). 그리고 의사회의 압박에도 불구하고 1532년에 밀라노 교외의 갈라라테로 옮겼다.

■ 활약 시대(1534~)

인생의 전기가 된 것은 1534년 과거 부친이 근무한 적이 있는 1501년에 토마소 피아티(Tommaso Piatti)가 세운 밀라노의 피아티교단의 학교에서 수학(數學) 교원으로 채용된 것이었다(밀라노 대학의 수학 교수로 등용되었다는 기사도 있다). 그의 수업이 재미있었으므로 곧 높은 평가를 받아 책을 쓰기 시작했다. 그로부터 거의 25년간 왕성한 활동기였다. 최초의 10년 정도는 루도비코 페라리(Ludovico Ferrari, 1522~1565)를 제자로 삼아 자택에 두고 카르다노파라고도 불릴 정도의 학파벌을 만들어 수학 연구에 열중했다. 타르탈리아를 설득해 3차 방정식 해법을 알아낸 후 자기의 저서 『위대한 술법(*Ars Magnae, sive de regulis algebraicis*)』(뉘른베르크)에 발표한 것은 1545년이었다.

후세의 과학사가가 그의 인격을 문제로 삼을 때 빠짐없이 거론하는 도박에 빠진 것도 이 무렵이었다. 이 시기, 혹은 더 후인 1561년에 파비아 시장이 되었다는 기사도 보이지만 이것은 아무래도 이해하기 어렵다. 또 1543년에 파비아 대학의 수학 · 의학 교수가 되었다는 기사도 있지만 그것은 대학이었는지 그 이외의 교육기관이었는지 분명하지 않다.

그로 하여금 유명하게 한 것은 그의 저서였다(예를 들면 1550~60년대에 낸 3권의 저서). 본업인 의사로서의 평판은 해협을 넘어 1552년에는 스코틀랜드까지 왕진할 정도였다.

1562년에는 명성이 알려진 학자로서 교황령 안에 있는 볼로냐 대학의 초빙을 받아 그곳으로 옮겨 1570년까지 교수로 일했다. 생활을 지탱하는 수입은 의사, 교사, 저술 활동으로 조달했고, 수학 경연대회에서 얻은 상금까지 보태 상당히 윤택한 편이었다.

■ 말년(1560~76)

앞에서 그가 친부(親父)를 독살했다는 서술이 있었음을 소개했다. 만약 사실이라면 수학 시절에 일어난 이 사건이 어떤 형태로든 그 후의 행동에 이상(異常) 성향과 심적 동요가 되어 나타났을 것이라 생각해도 틀리지는 않을 것이다.

16세기 전반의 이탈리아는 프랑스와 신성로마제국 간에 수

차례 되풀이된 항쟁(抗爭)의 아수라장이 되어 가는 곳마다 파괴와 살육이 자행되었다. 이탈리아 사람들의 마음은 상상 못할 정도로 거칠었다고 한다. 이탈리아 · 르네상스는 인간 정신의 존귀함을 가르쳤지만 인간 생명의 존귀함은 전혀 언급하지 않았다고 하는 서양 사학자의 지적도 있다.

따라서 사람을 죽이는 것은 일상다반사였을 것이다. 존속살해도 아마 있었을 것임이 틀림없다. 카르다노도 그 예외는 아니어서 사생아로서 자신을 세상에 내어놓은 아버지답지 못한 아버지에 대한 증오에서인지도 모르고 혹은 재산 상속 문제가 얽혀 있었을지도 모른다.

하지만 생각해 보자. 젊어서 사람을 살해했음에도 투옥되었다든가 벌을 받았다는 기사와 친부 살해라는 마음의 무거운 짐을 짊어지고 살았다는 고뇌의 기사는 전혀 찾아볼 수 없다. 이것은 아무리 당시라 할지라도 이해하기 어렵다. 대학을 졸업시켰고 특히 사생아이면서 귀족으로도 된(이 지위는 세습한다) 것으로 보아 부자간에 칼부림이 있었을 리가 없다.

그럼 일부 과학사서이기는 하지만 카르다노가 친부를 살해했다는 기술이 있는 것은 무슨 근거에서인가.

이 의문에 답해 주는 것이 1560년에 '장남이 그의 아내를 살해한 죄로 처형당했다'는 것으로, 그것은 2년 전에 결혼한 장남이 부정(不貞)을 저지른 아내를 죽인 죄로 처형당했다는 가슴 아픈 사건이다. 그리고 이 사건과 관련시키면 위에서 소개한 부분, 즉 수학 역사가 샌더슨 스미스(Sanderson Smith)

의 저서 『수학사(數學史)』에서 번역한 부분인 '살인자의 부친, 옹호'라는 부분은 '카르다노는 사람을 죽인 아들의 아버지이고 부모로서의 당연한 심정으로 아들을 변호했다'고 읽을 수 있다. 이것은 다른 저자가 '부친의 참살자'라고 짐짓 오독한 탓일 것이다. 이와 같은 오해의 복선이 된 것은 카르다노에 대해 애당초 품고 있던 선입관이나 좋지 못한 감정에서였을 것으로 믿어진다.

말년은 불행과 평온이 교차했다. 장남의 처형으로 받은 쓰라린 마음에 쐐기를 박듯 이단의 언사를 농했다 하여 대학에서 추방되어 투옥되었다. 이단이란 그리스도의 별점 『운세표(運勢表)』를 출판한 것이다. 하지만 당시의 로마 교황은 카르다노에게 친근감을 가진 추기경의 변호로 그를 감옥에서 풀어주었다. 그리고 볼로냐 대학 교수직을 해임하고 『운세표』의 출판을 금지시켰지만 연금을 주어 로마에서 살게 했다. 갈릴레오 갈릴레이(Galileo Galilei, 1564~1642)의 종교재판에서도 보듯이 그 무렵은 교황일지라도 마음이 사랑에서 증오로 혹은 그 반대로 증오에서 사랑으로 쉽게 흔들렸다. 따라서 이단아이면서 교황의 비호를 받았다 할지라도 그것을 가지고 그를 이상 성격자로 판단하는 근거로 삼을 수는 없을 것이다.

그는 죽음에 임박해서는 평온했다. 별점으로 예언한 자신의 사망 일시가 적중하지 못했기 때문에 자살했다는 기사가 있지만 그것은 사실이 아니었다.

이제까지의 설명과 같이 카르다노에 관해서는 두 가지 평가가 엇갈린다. 그 하나는 인간 성악설(性惡說)에 입각한 정신의학자 롬브로소처럼 태생적인 악동, 선천적인 이상 성격자로 단정지어 혹평하는 것이다. 이 경우에 취해지는 것은 카르다노의 성격과 행동과 생활 속에서 극단으로 대립하는 선과 악을 추려 내어 양자를 병기함으로써 악한 면을 돋보이려는 수법이다. 그러나 범죄자에게는 태어나면서부터 범죄자가 되는 소인(素因)이 있다는 롬브로소의 학설은 오늘날 받아들여지지 않고 있다.

다른 하나는 그의 생애에 나타나는 한 획 한 획을 시계열적으로 관련지으면서 기술하려고 하는 입장이다. 이것이 한쪽만 편들지 않는 상식적인 방법일 것이다. 이것은 굳이 과학자에게만 국한된 것이 아니고 인간 일반을 평가하는 경우에 취해야 할 상법(常法)이다. 자료가 빈약한 과학자의 전기(傳記)를 쓰는 것은 어려운 반면 쉬운 점도 있다. 선정적인 정보를 적당히 버무려 그것을 효과적으로 엮어 놓으면 몇 사람의 인물이 창출될 수 있기 때문이다.

단두대에 목이 잘린 라부아지에

공화국은 과학자를 필요로 하지 않는다

과학자 라부아지에

앙투안 라부아지에

앙투안 로랑 라부아지에(Antoine Laurent Lavoisier, 1743~1794)는 부유한 프랑스인의 아들로 태어났다. 젊어서부터 뛰어난 수재로, 특히 과학 연구에 깊은 관심을 가졌다. 그 무렵에는 여러 가지 직업 중에서 과학을 연구하는 사람이 급속히 늘어났었다.

라부아지에는 돈에 궁하지 않았으므로 필요한 재료는 모두 구입, 일찍부터 당시 가장 촉망받는 과학자의 한 사람이 되었다. 1767년에 프랑스의 지질학적

측량에 참여한 후 약관 25세에 특권적인 프랑스왕립과학아카데미 회원에 선출되었다.

그가 그 후에 이룩한 업적은 이렇듯 이례적인 발탁(拔擢)에 능히 보답하고도 남을 만한 것이었다. 그는 당시 모든 과학자가 믿고 있었던 연소이론(phlogistion설)이 잘못된 것임을 명백하게 밝히고 정밀한 천평칭(天平秤)을 사용하는 것이 모든 과학 연구에 절대 필요한 수단이라는 것을 분명하게 인식시켰다. 그러나 여기서는 주로 라부아지에와 국가 지배자와의 관계를 기술하고자 하므로 정부와 관련된 이야기만 하겠다.

1775년에 라부아지에는 정부가 운영하는 화약공장 관리자로 임명되고 화약위원회의 위원으로 화약의 폭발력을 높이는 수단을 발명했다. 또 미터법의 확립과 농업에 과학을 응용하려는 측면에서 국가에 큰 공헌을 했다. 혁명이 일어났을 때 혁명 지도자는 처음부터 그의 도움을 청해 예컨대 쉽게 위조할 수 없는 지폐(앗시니아 지폐)를 제조하는 문제와 관련해 라부아지에의 의견을 물었다.

세수인 조합원 라부아지에

혁명이 일어나기 전 관세와 담뱃세, 소금세, 일부 알코올 음료의 세금 등을 거두는 일은 '세수인조합'이라는 부유한 금융가 단체가 맡아 했었다. 그들은 해마다 나라에 일정 금액을 지불하는 대가로 세금을 거두어 모두 나누어 가졌다. 라부아지에는 1868년에 이 세수인조합의 조합원이 되었으며, 능력이 뛰어나 곧 경영상 주요한 지위를 맡았다. 물론 막대한 재산도 모았다.

어느 시대, 어느 나라에서나 세금을 징수하는 사람을 곱게 볼 리 없지만 프랑스의 세수인 조합원은 특히 미움을 많이 샀다. 그들의 가장 큰 관심사는 거대한 이익을 추구하는 데 있었으므로 단속을 극도로 엄격하게 했고, 탈세나 밀수, 그중에서도 높은 세금이 부과되는 소금 밀수에는 무거운 형벌이 가해지도록 했다.

사정이 이러했으므로 그들의 재산 관리를 둘러싸고 많은 스캔들이 난무했고, 특히 세수인 조합원이 정부 고위 인사나 유력자에게 뇌물을 바쳤다는 소문이 자자했다. 만인의 모범이 되어야 할 국왕과 왕의 처첩들까지도 많은 돈을 받아 챙긴 사실이 들통나기도 했다.

그러므로 혁명이 난 뒤 2년이 지난 1791년에 국민의회는 세수인조합을 폐지하는 포고령을 선포하고 향후 2년 안에 조합의 재정을 청산해 보고하라고 명령했을 때 부당하다고 느끼는 국민은 한 사람도 없었다.

그러나 세수인들은 이 업무를 일부러 천천히 진행해 주어진 기간인 2년이 지나도 청산하지 못했다. 이 불필요한 지연과 또 다른 이유도 있어 그들에 대한 비판은 부글부글 끓었다. 달도 차면 기운다는 말이 있듯 참다못한 한 의원이 1793년 11

월에 '이들 흡혈귀'의 체포를 요구했고, 국민의회는 관습에 따라 라부아지에를 포함한 모든 세수인의 체포를 명령했다.

재판과 처형

해가 바뀌어 다음 해 5월, 그들은 재판정에 끌려 나왔다. 관례에 따라 개개인의 심문이 끝나자 재판이 시작되었다. 수석재판관은 코피나르라는 사람으로, 눈앞의 피의자들 입장은 전혀 개의치 않고 빈정거리거나 시시한 재담을 지껄이기 일쑤였다. 세수인 조합원은 온갖 종류의 착취와 횡령을 자행해 프랑스 국민에게 손해를 입혔다 하여 공동 책임자로서, 그리고 개인으로서도 고발되었다.

또 담보에서 과대한 이익을 취하고 국고에 수납해야 할 돈을 가로챘으며 담배에 물이나 기타 잡물을 섞어 넣어 국민 건강에 위해(危害)를 초래했다는 죄목으로 고발되었다. 이 죄목 중에서 마지막의 것은 명백한 날조였다. 왜냐하면 고발자 자신이 담배 제조 공정에서는 필연적으로 엽초에 물을 가하지 않으면 안 된다는 것을 버젓이 알고 있었기 때문이다. 고발자도 또 필요한 물의 양이 얼마여야 하는지, 유해한 성분이 첨가되었다는 증거를 하나도 들지 못했다.

라부아지에와 세수인 대부분에게 사형이 선고되었다. 당시의 관례에 따라 판결 후 불과 몇 시간 만에 형이 집행되었다.

재판이 진행되는 동안 라부아지에가 프랑스에 다대한 과학적 공헌을 했다는 진정서가 제출되기도 했으나 효과는 없었다. 또 라부아지에를 도우려는 누군가가 현재 라부아지에가 진행하고 있는 중요한 실험을 끝낼 수 있도록 판결을 2주일 연기시켜 주기를 바라는 청원을 했으나 코피나르는 오늘날까지도 악평이 높은 다음의 말로 딱 잘라 거절했다. "프랑스공화국은 과학자를 필요로 하지 않는다. 재판은 멈출 수 없다."

라부아지에의 죽음은 지식인 사회에 큰 충격을 주었다. 영국의 철학자인 토머스 칼라일(Thomas Carlyle, 1795~1881)은 다음과 같은 글을 남겼다.

> "봄은 그 푸른 잎과 밝은 햇살을 보낸다. 밝다. 전에 없이 밝은 5월. 그러나 죽음은 멈춰 주지 않는다. 라부아지에, 이 고명한 화학자는 죽음을 당한다. 화학자 라부아지에는 또 세수인 조합원 라부아지에이기도 하다. 이제 '모든 세수인 조합원은 체포된다.' 한 사람도 남김없이. 그리고 그들의 돈과 수입을 총결산하게 한다. 그들이 판매한 담배에 물을 섞었다고 해서 죽음을 당한다. 라부아지에는 어떤 실험을 완수하기 위해 2주일의 연기를 소원했다. 그러나 공화국은 그런 것을 필요로 하지 않는다. 도끼는 맡은 바 자기 일을 하지 않을 수 없다."

라부아지에에 대한 추도

라부아지에가 처형된 것은 '공포정치'가 끝나기 불과 몇 달전이었다. 그때 로베스피에르(Maximillien F. M. I. de Robespierre, 1758~1794)와 다른 많은 지도적 혁명가들, 문제의 코피나르도 단두대(guillotin: 기요틴)로 끌려 나왔다. 사태는 점차 역전되어 프랑스 사람들은 차차 두려움 없이 자신의 의사를 말할 수 있게 되었다. 그러자 프랑스의 많은 과학자도 공공연히 라부아지에의 처형을 안타까워했다. 유명한 과학자 조지프 루이 라그랑주(Joseph Louis Lagrange, 1736~1813)가 지금까지도 잘 알려지고 있는 다음과 같은 말을 한 것도 그때였다. "그의 목을 자르는 것은 한순간에 할 수 있지만 라부아지에와 같은 머리를 기르는 데에는 100년을 갖고도 부족할 것이다."

1796년 8월 12일, 리세 데 자르(미술학교)에서 라부아지에를 기리는 추도식이 거행되었다. 학교의 연차 기록에 이 추도식의 모습이 상세히 기록되어 있다. 그 연극조의 연출은 당시의 분위기에 부합되는 것이었다.

"학교 입구는 광대한 지하실로 통하도록 시설되어 있고 위쪽에는 '불멸의 라부아지에에게'라는 글이 새겨져 있었다. 첫 번째 방에는 볼테르와 루소의 묘의 모형이 있어 푸른 잎과 꽃으로 장식되어 있었고 계단을 마주해서는 새로 자른 미류나무로 측면을 만든 높이 8미터의 피라미드가 있었다. 피라미드의 받침대는 흰 대리석으로 만들어졌고 '사자(死者)에 대한 경의'라고 새겨져 있었다. 3천 명은 족히 수용할 수 있는 넓은 홀은 흰 무늬가 수놓인 검은 천으로 장식되어 꽃밧줄이 드리워지고 20개의 장례식용 등불이 켜져 있었다. 그리고 기둥마다에는 라부아지에가 발견한 것들의 이름을 하나씩 적은 방패가 걸려 있었고,

높은 홀 배후에 디소와 비크 다지르 묘의 모형 앞에는 큰 커튼이 공작의 예복 모양으로 드리워져 있었다.

많은 청중이 참석했다. 남성은 검은 복장으로, 여성은 흰옷에 머리에는 장미꽃을 꽂고 있었다. 의식의 식순에는 라부아지에에 대한 유명한 프랑스 과학자 앙투안 프랑수아 푸르크루아(Antoine François Fourcroy, 1755~1809)의 찬사와 그의 영혼의 불멸을 기리는 노래가 포함되어 있었다. 끝으로는 이 추도식을 위해 특별히 만들어진 성가(聖歌)가 포함되었고, 이 성가를 노래하기 위해 방구석에 있던 커튼이 걷히자 주연 가수들과 100명의 합창대가 나오더니 자유의 여신상을 꼭대기에 얹은 라부아지에의 묘를 둘러쌌다. 코러스가 "그의 천재를 영구히 지성(至聖)으로 기억하기 위해 그를 찬양하는 비를 세우자"라는 노랫말로 끝나자 피라미드 하나가 나타났다. 그 피라미드 위에는 라부아지에의 반신상이 놓여 있고, 상의 머리에는 전통적으로 천재에게 주어졌던 불멸의 월계관이 씌워져 있었다."

이 추도식은 한 과학자를 추모하는 행사 중에서 가장 인상적이었다고 한다.

예상도 못한 자침의 동작

콜럼버스와 에르스텟의 우연한 발견

콜럼버스, 자침의 변동을 발견하다

과학사상 나침반의 바늘이 전혀 예상치도 못한 동작을 한 주목할 만한 사건이 두 번 있었다. 기록에 의하면, 1492년 이탈리아의 탐험가 크리스토퍼 콜럼버스(Christopher Columbus, 1451~1506)가 인도를 향해 항해했을 때 해상에서, 또 한 번은 1819년에 어느 교실에서 대학교수가 강의를 하고 있을 때였다.

크리스토퍼 콜럼버스

콜럼버스는 당시의 일반 선원들과 마찬가지로 해상에서 육지가 보이지 않을 때는 천체와 나침반을 이용해 진로를 정했다. 그는 북극성은 늘 거의 같은 위치에 있다는 것을 알고 있었다. 또 나침반의 자침은 거의 남북을 가리키지만 정확하게 북극성 방향을 지향하는 것은 아니라는 점도 알고 있었다.

콜럼버스는 1492년 8월 3일, 금요일에 출범했는데 무턱대고 미지의 바다로 나간 것은 아니었다. 그는 우선 모로코 앞 대서양에 있는 카나리아(Canaria) 제도를 향해 나갔으며, 이 항로는 콜럼버스 이전에도 몇 사람의 선장이 항해한 적이 있었다.

카나리아 제도에서 3주간 머문 후 9월 6일에 다시 출범해 이번에는 서쪽으로 진로를 잡고, 이제까지 누구도 나가 보지 못한 광대한 대양에 들어섰다. 그 후에 어떤 일이 일어났는가. 한 기록이 이를 설명해 주고 있다.

"사흘 후에 육지는 모두 시야에서 사라졌다. 육지의 끝자락마저 사라지자 승무원들은 두려운 기색이 역력했다. 세상과는 영영 이별을 고하는 심정이었을 것이다. 그들의 마음속에는 애착을 느끼는 모든 것, 예컨대 조국, 가족, 친구, 생명 등이 있었다. 그러나 지금 그들 앞에 있는 것은 혼돈, 신비, 위험뿐이었다. 그 순간 이제 다시 가족과도 만날 수 없게 될지 모른다는 절망감에 눈물을 흘리고 개중에는 큰 소리를 내어 우는 사람도 있었다.

총독(콜럼버스)은 그들을 달래고 위로하기 위해 자신의 장밋빛 예상을 설명하려고 노력했다. 지금 우리가 가려고 하는 인도양의 섬들에는 금은 보석이 넘쳐나고 망기(Mangi)와 카타이(Cathay: 북중국) 지방은 부유하고 호화로운 곳이라고 입에 침이 마르도록 자랑했다. 그는 선원들의 탐욕심을 부추겨 상상력을 부채질하기 위해 토지와 부와 물질을 주겠다고 약속했다. 이 약속은 허투루 한 것이 아니라 총독 자신도 실현할 수 있을 것이라고 확신했다."

카나리아 제도를 출범한 지 약 1주일 후에 콜럼버스는 나침반의 바늘이 예상한 방향을 가리키고 있지 않은 것을 발견했다. 다음 날 아침이 되자 자침(磁針)은 평소의 방향에서 더욱 벗어났다. 그는 크게 놀랐다. 그 후에 이어지는 사흘 동안 자침은 정상 방향에서 날마다 더 벗어났다.

콜럼버스는 이 사실을 누구에게도 발설하지 않았다. 승무원 모두가 의기소침한 상태에 있는 것을 알고 있었으므로 그들을 더 이상 낙담시키지 않기 위해서였다. 하지만 그는 그 비밀을 오래 유지할 수 없다는 것도 알고 있었다.

역시 한 조타수가 나침반에 이상이 발생한 것을 눈치 챘다. 승무원들은 그 소리를 듣자 바로 공포감에 휩싸였다. 그들은 이 미지의 세계에서 가장 의지가 되는 나침반이, 그 도움을 가장 필요로 하는 이 시기에 못 쓰게 되었다고 생각했다. 나침반이 이 꼴이라면 배의 다른 모든 것도 제대로 되어 있지 않을 것이라는 우려마저 들었다.

하지만 이 무렵에 콜럼버스는 이미 선원들을 설득할 준비가 되어 있었다. 그는 나침반의 바늘에 죄를 뒤집어씌워서는 안 된다고 생각했다. 그래서 그는 자침은 여전히 아무런 이상 없이 기능을 발휘하고 있으며, 다만 북극성이 이 부근에서는 위치가 변한다고 단언했다. 그는 승무원들에게 북극성은 진북

(眞北) 방향에 있는 것이 아니라 그 주위를 원을 그리며 돌고 있다고 설명했다. 콜럼버스 이전부터 천문학자로서 큰 명성을 얻고 있었으므로 선원들은 그의 설명을 믿었다. 이렇게 해서 승무원들은 자신감을 회복하고 공포감에서도 벗어났다.

스페인의 역사가인 오비에드가 쓴 이 사건의 다른 기록은 승무원들의 행동을 더 상세하게 전하고 있다.

"그들은 자침의 움직임을 보고 매우 분노하고 또 겁이 났으므로 콜럼버스를 바다에 던져 버리자고 주장하며, 그런 인간에게 자신들을 지휘하도록 맡긴 스페인의 페르디난드와 이사벨의 행동을 크게 원망했다. 그들은 반항적이 되어 스페인으로 배를 돌리라고 고함쳤다."

옛이야기라는 것은 전하고 전하며 반복되다가 보면 본래의 상황과는 얼토당토않게 변하는 사례가 허다하다. 그러므로 이 사건 역시 처음 인쇄됐을 때의 기술을 살펴보는 것이 흥미로울 것 같다. 다음은 콜럼버스의 아들 페르디난드가 쓴 것인데, 아버지의 1492년분 일기를 바탕으로 한 것이다.

"9월 13일 해 질 녘, 아버지(콜럼버스)는 자침이 동북쪽으로 반 눈 기울고 다음 날 새벽에는 반 눈 더 기운 것을 발견했다. 이로 미루어 아버지는 자침이 북극성 방향을 가리키지 않고 다른 어떤 고정된, 눈에 보이지 않는 점을 향하고 있음을 깨달았다. 이와 같은 변동은 이전에 누구도 관찰한 적이 없었다. 그러므로 아버지가 그에 놀란 것은 무리가 아니었다.

그로부터 사흘 지나 배가 다시 100리그(league: 길이의 측정 단위) 정도 항해했을 때 아버지는 어느 때보다도 깜짝 놀랐다. 왜냐하면 밤에는 자침이 북쪽으로 약 한 눈금 치우쳐 있었지만 아침이 되자 정확하게 북극성을 향하고 있었기 때문이다."

이 사건에 관한 몇 가지 기록에는 콜럼버스가 숙련된 항해사로 높은 명성을 얻고 있었던 덕에 부하들로부터 신임을 받았다고 한다.

그러나 콜럼버스에 관한 권위 있는 저술가 크리크톤 밀러(A. Crichton-Miller)에 의하면 콜럼버스의 청년 시절과 관련해 그가 항해술에 크게 숙달했다는 것을 증명할 만한 신뢰할 수 있는 정보는 전혀 없다. 실제로 밀러는 "콜럼버스는 당시 일반 선원들이 알고 있는 지자기에 관한 것 이상의 지식은 갖고 있지 않았던 것 같다"고 믿고 있다. 밀러는 "만약 자기의 견해가 맞다면 그는 대서양 횡단 중에 나침반이 가리킨 변동에 현명한 해석을 가할 입장에 있지 않았다"고 부언했다.

이러한 이야기들을 토대로 많은 사람은 콜럼버스가 자침의 변동을 발견한 것으로 믿고 이후 많은 저술가가 이 믿음을 더 확대시켜 왔다. 하지만 이미 인용한 저자들에 의하면, "자침이 동쪽으로 치우친 것은 콜럼버스가 최초의 항해에 나서기 이전 북유럽에서 이미 관찰되었던 것이 확실하다. 그러나 설령 그렇다고 하더라도 동서 방향의 긴 항해 동안 자침이 변동한다는 것을 거의 올바르게 기록한 사람은 콜럼버스가 최초인 것만은 틀림없다."

전류의 전자기 작용을 발견한 에르스텟

자침의 생각지도 못한 동작과 관련된 두 번째 놀랄 만한 사건은 이탈리아의 물리학자 알레산드로 볼타(Alessandro Volta, 1745~1827)가 전류를 얻는 방법을 발견하고 7년이 지나서였다. 영국의 화학자 험프리 데이비(Humphry Davy, 1778~1829)가 전류로 화학 물질을 분해해 나트륨(Na)이라는 새로운 금속을 분리했다. 그 후에 일시 과학자들은 전류가 여러 종류의 물질에 미치는 화학 작용 연구에만 몰두했다. 그래서 얼마간은 전류가 갖는 다른 성질에 관해서는 거의 관심을 갖지 않았다.

하지만 1819년이 되어 다행스럽게도 전류가 갖는 역학적인 성질이 우연한 계기로 발견되었다. 그것은 과학과 산업에 계산할 수 없을 만큼 큰 기여를 하게 되었다.

덴마크 코펜하겐의 물리학 교수 한스 크리스티앙 에르스텟(Hans Christian Oersted, 1777~1851)은 어느 날 정전기, 갈바니즘(Galvanismus), 전자기에 관해 강의하고 있을 때 볼타 전지의 양쪽 극을 긴 철사로 연결한 것을 사용했다. 강의 도중에 그는 "자, 그럼 전지가 제 기능을 발휘하고 있는 지금 철사를 자침에 평행으로 놓아 보자"고 했다. 그리고는 철사를

한스 크리스티앙 에르스텟

에르스텟의 실험. 그림에 보이는 것은 직렬로 연결한 전지이다.

자침에 평행으로 걸쳐 놓고 전류의 스위치를 넣었다. 그러자 자침이 빙그르 돌아 철사와 직각이 되는 방향에 멎는 것을 보고 깜짝 놀랐다.

에르스텟은 즉시 이 예상도 못한 결과를 깊이 연구할 가치가 있다고 판단했다. 그는 친구 한 사람과 함께 실험을 반복하고 실험의 내용도 확대했다. 교실에서의 최초의 실험은 약한 장치를 사용한 것이었으므로 두 사람은 이번에는 훨씬 강한 전지를 사용했다. 그 과정을 그는 다음과 같이 기록했다.

"우리가 사용한 갈바니 장치는 20개의 구리통으로 만들었다. 통의 길이와 높이는 모두 12인치였으나 너비는 2인치를 조금 넘는 정도였다. 모든 통에 두 장의 동판을 붙이고 그것을 잘 굽

혀서 동봉(銅棒)을 끼웠다. 이 동봉에 다음 통에 담근 아연판을 떠받쳤다. 각 통의 물은 무게의 60분의 1의 황산과 같은 양의 질산을 포함하고 있었다. 각 아연판이 물 속에 담긴 부분은 변의 길이가 약 10인치의 정방형(正方形)이었다. 갈바니 전지의 양쪽 끝은 철사로 연결되었다."

앞의 그림에는 이 갈바니 전지의 20개의 통 가운데 일부가 보인다. 또 이 그림으로 미루어 보아 당시의 과학자들이 전류를 얻기 위해 얼마나 구차스러운 장치를 사용했는가를 상상할 수 있다.

아래의 그림은 그의 실험에서 얻은 결과를 나타낸 것이다. (a)에서 전류가 점선의 화살 방향으로 흐르고 있을 때 철사를 자침 위에 놓으면 자침은 작은 화살로 표시한 방향으로 회전해 철사와는 직각 방향으로 향했다. 하지만 (b)와 같이 전류의 방향을 역으로 하면 자침도 역방향을 향했다. 다음에 에르스텟이 철사를 자침 밑에 놓으면 자침은 (c), (d)의 방향으로 회전해 철사와는 직각 방향으로 향했다.

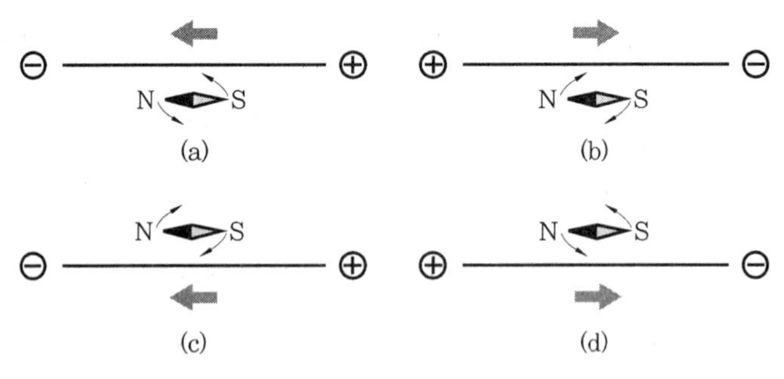

전류의 방향과 자침이 향하는 방향

에르스텟의 발견은 온 세상에 큰 반향을 일으켰다. 많은 나라에서 에르스텟의 논문이 번역되고 과학 잡지에도 실렸다. 에르스텟의 자극을 받아 다른 과학자들이 속속 새로운 발견을 했다.

전류가 쇠 속에 자기를 유도하는 것을 알았고, 이어서 전자석이 발명되었다. 이것은 철편 둘레에 절연된 긴 철사를 감은 것으로, 철사의 양쪽 끝을 볼타 전지의 극에 연결해서 전류 스위치를 누르면 쇠는 강한 자력을 띠었다. 다음에 철사를 흐르는 전류가 자기장을 발생시키는 것과 그 반대 현상이 일어나는 것도 발견되었다. 즉, 움직이는 자석은 철사를 감은 코일 속에 전류를 유도시킨다.

영국의 물리·화학자 마이클 패러데이(Michael Faraday, 1791~1867)는 에르스텟의 발견이 "이제까지 캄캄했던 과학의 한 분야의 문을 활짝 열어 빛을 홍수처럼 채웠다"고 했는데 참으로 그러했다. 실제로 최종적으로 자석, 모터, 발전기를 발견하게 된 것은 강의 중에 학생들 앞에서 별다른 생각 없이 실시한 그의 실험에서 비롯되었다.

조국에서 쫓겨난 유대인 애국자

화학자 하버와 아내 클라라의 비극

중요한 물질, 질산

유대인 화학자 하임 아즈리엘 바이츠만(Chaim Azriel Weizmann, 1874~1952)은 제1차 세계대전에서 영국과 연합국을 위해 공헌한 보답으로 조국을 되찾았다. 그런데 공교롭게도 같은 전쟁에서 역시 한 사람의 유명한 유대인 화학자가 여론의 거센 비난은 물론 아내의 결연한 항거에도 불구하고 조국의 전쟁 승리를 위해 노력을 아끼지 않았지만 마지막 보답이 해외 추방이었다는 이야기를 하겠다.

소개하려고 하는 내용이 전쟁과 관련되지만 우선 농업이라는 평화적인 이야기부터 시작하겠다.

성장하는 모든 식물은 토양으로부터 온갖 영양분을 빨아들인다. 따라서 논밭에서는 자연비료나 인조비료를 토양에 뿌려

빼앗긴 만큼 보충해 주어야 한다. 비료를 제조하기 위해서는 질산(nitric acid)이라는 액체가 대량 필요하다.

20세기 초반까지 질산의 대부분은 질석(蛭石, potassium nitrate)이라는 백색 고체로 만들어졌다. 질석은 특히 칠레 등 남미(南美) 나라들에서 많이 생산되었다. 하지만 1898년 영국의 화학자 윌리엄 크룩스(William Crookes, 1832~1919)는 이 소금은 해마다 너무 많은 양이 사용되므로 멀지 않아 자연에 부존하는 자원은 바닥이 드러날 것이라고 경고하면서 화학자가 질산을 만드는 새로운 방법을 발견하도록 노력해야 한다고 주장했다.

질산은 매우 중요한 물질이다. 농업용 비료 제조에 사용될 뿐만 아니라 화학 원료로도 쓰인다. 그러므로 평화 시에 질산 공장을 많이 보유한 나라는 일단 전쟁이 발발하면 곧 그것을 화약 제조로 전환할 수 있다. 이처럼 공장이 평화 시와 전시에 이중으로 이용할 수 있는 사실로도 질산을 만드는 새로운 방법은 절실하게 요구되었다.

대부분의 유럽 국가에서는 질산 제조 공장이 남미에서 수입하는 대량 원료에 의존했으므로 일단 전쟁이 발발하면 공장을 가동하지 못하는 경우도 발생할 수 있었다. 적대국이 질석을 수출하는 국가의 항구를 봉쇄하거나 해상에서 선박을 공격하면 질석 공급이 어렵기 때문이다.

공중 질소 고정법을 확립한 하버

1914년에 제1차 세계대전이 시작되자 연합국의 해군은 독일을 봉쇄했으므로 남미로부터의 질석 공급이 거의 끊겼다. 독일은 화물선 1척의 나포(拿捕)와 독일 화학자들의 공헌이 없었더라면 금방 절망할 정도로 화약이 부족했을 것이다.

우연히 수천 톤의 질석을 적재한 배가 선전 포고 직전에 벨기에의 앤트워프(Antwerp) 항 독(dock)에 들어와 있었다. 전쟁이 시작된 지 불과 며칠 만에 독일은 벨기에를 유린해 앤트워프에 도달했고, 그때까지 배는 아직 질석을 가득 실은 채 독 안에 있었다. 어떤 사정에서인지 모르지만 당국은 그 배를 해상으로 내보내거나 침몰시키지 않고 화물을 바다 속에 던져 버리지도 않았다.

그러므로 배는 매우 중요한 전시 필수품을 가득 실은 채 항구에 남아 있었다. 후일 어느 유명한 화학자는 만약 그 배를 손에 넣지 못했더라면 독일의 질석 보유량은 1915년 봄에 바닥났을 거라고 했다.

대전이 시작되기 수년 전부터 독일을 비롯한 여러 나라의 화학자들은 공기 중에 무진장으로 있는 기체질소로부터 비료를 제조하는 방법을 연구하고 있었다. 1914년까지 세 가지 방법이 발견되었지만 여기서는 그중의 한 가지 방법, 즉 독일 국적을 가진 유대인 부모에서 태어난 프리츠 하버(Fritz Haber,

1868~1934)가 발견한 방법에 관해서만 언급하겠다.

하버는 주로 물과 공기를 사용해 외국으로부터 수입하는 원료에는 전혀 의존하지 않고 비료(암모니아)를 만드는 데 성공했다. 1914년에 이르러 그는 실제로 비료를 제조했고, 그 공장은 쉽게 질산 제조로 전환할 수 있었다. 하지만 생산되는 물량은 당시 질석으로 제조되었던 양에는 비교하기도 민망스러운 소량에 불과했다.

전쟁이 시작되자 독일 지도자들은 하버의 질소제조법이 전쟁 수행에 매우 중대하다는 것을 통감해 즉시 새로운 공장을 많이 지었다. 그 덕에 1915년 여름에는 질산을 대량 생산할 수 있게 되어 질석 공급에 의존하는 상태에서 급속히 벗어날 수 있었다. 이를 계기로 독일 지도자들은 그를 자국의 가장 뛰어난 화학자의 한 사람으로 여기게 되었다.

독가스의 개발

대전 초기부터 전쟁 양상은 전혀 예상치 못한 방향으로 전개되기 시작했다. 당초 양쪽 지도자들은 이번 전쟁은 보병과 기병이 넓은 범위에 걸쳐 행동하는 싸움이 될 것이라고 예상했었다. 그러나 몇 주간의 전투가 끝나자 전선은 소강 상태에 접어들어 참호전으로 발전했다. 따라서 새로운 전투 방법과 새로운 무기가 필요했다. 영국은 탱크를 발명하고, 독일은 독가스를 도입했다.

독일 육군성은 독가스 사용의 가능성을 연구하기로 결정하고 베를린 대학의 물리화학자 발터 네른스트(Walther Hermann Nernst, 1864~1941: 1923년에 노벨화학상 수상) 교수에게 그 책임을 맡겼다. 1914년 말경 하버는 이 연구를 돕기 시작하고 얼마 지나지 않아 완전한 책임자가 되었다.

전쟁에 요구되는 독가스는 특별한 성질의 것이 필요했다. 가장 이상적인 것으로는 가스의 독성이 병사를 즉사시키거나 바로 행동을 불가능하게 만들 만큼 강한 것이어야 했다. 이도 저도 불가능하다면 최소한 일시적으로 병사를 기절이라도 시켜 가스 마스크를 착용한 아군 병사가 쉽게 처리할 수 있는 것이어야 했다.

또 가스는 방출된 후 2미터 이상의 높이까지는 상승하지 않도록—2미터 이상 상승하면 인체에 아무런 영향도 미치지 못할 것이므로—공기보다 무거운 것이어야 했다. 이는 참호전에서는 특히 필요했다. 그 이유는 지면을 따라 흐르는 무거운 가스는 마치 물의 흐름처럼 참호와 대피호 속으로 스며들 수 있기 때문이다.

적병들이 눈치 채지 못하게 색깔도 냄새도 없어야 하고, 비에 녹거나 여름철 고온에 분해되지 않는 것이 바람직했다. 그뿐만 아니라 봉쇄당한 나라 안에서도 쉽게 얻을 수 있는 재료로 대량 제조할 수 있고, 쉽게 수송도 할 수 있는 것이어야 했다.

하버와 그의 조수들은 연구 결과 염소(chlorine)를 사용할 것을 건의했다. 염소는 식염으로부터 만들어지며, 식염은 독일에서 암염(rock salt) 형태로 풍부하게 생산된다. 염소는 봄베(Bombe: 원통형의 용기)에 채워 저장할 수 있고 수송도 용이하다. 또 이 가스는 공기보다 2.5배나 무겁기 때문에 대피 참호까지도 쉽게 파고들 수 있을 것이며, 독성이 매우 강하므로 소량으로 사람을 죽이거나 적어도 오랜 시간 행동할 수 없게 할 수 있다. 그러나 황록색이고 심한 냄새가 나므로 그 존재를 숨기기 힘들었다.

1915년 하버는 아직 문관 신분이어서 독일군 사회에서는 높은 지위에 있지 않았다. 독일은 징병 제도가 있어 하버는 적령기에 정해진 기간 동안 복무하고 하사관으로 예편했다. 그러나 그것은 대전이 시작되는 25년 전의 일이었다. 1914년 이전에는 유대인이 프러시아 육군의 장교가 되는 기회는 거의 없었다. 그러므로 독일군 장군이 볼 때 하버는 단지 한 민간인에 불과하고 게다가 유대인이었다. 그러니 상류 계급 출신의 귀족적인 독일 참모본부 지도자들이 하버에게 큰 관심을 기울이지 않았던 것은 당연했다.

최초의 독가스 사용

여러 번 실험한 후 독일군 총사령부는 전선(前線)에서도 실험 삼아 사용하기로 결정하고 그 장소로는 벨기에 플랑드르 지방에 있는 이프르(Ypres)를 택했다. 압력이 가해진 염소 약 170톤이 약 5,700개의 봄베에 채워져 전선으로 운반되고, 길이 3마일 반의 선상(線上)에 매설되었다. 그리하여 1915년 초에는 풍향만 맞으면 언제라도 방출할 수 있는 준비가 모두 갖추어졌다.

가스는 1915년 4월 22일, 영국군의 전선(戰線)이, 알제리아에서 온 프랑스군 유색인 부대가 지키는 전선이 연결되는 경계 지역을 목표로 방출되었다. 전선은 곧 아비규환의 생지옥으로 변해 몇 분도 지나지 않아 병사들이 피를 토하며 쓰러졌다. 독일군은 바로 공격을 시작해 그날 많은 지점을 점령했다. 그리고 저녁 7시 반이 되자 진격을 멈추고 참호를 파서 밤을 보냈다.

그런데 그들은 몰랐지만 이프르까지의 전선은 이미 텅 비어 있었다. 연합군의 전선에는 5마일의 공백이 생겼으므로 그날 밤에 진격만 했더라면 쉽게 돌파할 수 있었을 것이다. 독일군이 정지한 틈에 영국군은 부대를 급파해 공백을 메울 수 있었고, 다음 날 독일군의 재진격을 저지할 수 있었다. 그러나 그것은 연합군에게 참담한 패배였다. 5천 명의 병사가 죽고 1만 5천 명이 가스에 중독되었으며, 6천 명이 포로로 잡혔다. 57문의 대포와 50문의 기관총도 독일군의 손으로 넘어갔다.

그나마 연합군에게 다행이었던 것은 에리히 폰 팔켄하인(Erich von Falkenhayn, 1861~1922) 장군 휘하의 독일군 총사령부는 이 새로운 전쟁 수단의 가치를 인식할 만큼의 통찰력이나 공상력을 갖지 않았고, 그것은 단지 하나의 실험으로만 간주했을 뿐이었다. 그러니 그 성공이 확인되었을 때에 대비해 충분한 가스를 확보할 리 없었고, 이 신병기를 위한 특별한 전술도 마련된 것이 없었던 것 같다.

어떻든 독일군 지도부가 1915년 4월 가스가 최초로 방출된 그날 밤 절호의 기회를 놓친 것은 사실이지만 그 이유도 몇 가지 지적되고 있다. 독일군 사령관들이 독가스 사용에 적극적이지 않았던 것은 그 성패가 풍향에 의존해 플랑드르에서는 바람의 상태가 매우 불확실한 요소였으므로 알맞은 시기를 기다리려면 부대를 오랫동안 한 장소에 붙박아 두지 않으면 안 되었기 때문이었다고 한다.

이것만이 독일군의 유일한 과오는 아니었다. 독가스를 도입함으로써 그들은 자기 자신의 목을 베는 길로 나아갔다. 그들에게도 결코 이익이 될 리 없었다. 독일군 전선에서는 1년 내내 대부분 바람이 연합군 참호 쪽에서 독일군 쪽으로 불고 있기 때문이다. 따라서 탁월풍*은 독가스 사용의 이익을 연합군에게 안겨 줄망정 독일군에게는 오히려 불리했다.

추방과 자결

하버에 관한 이야기에서 또 하나 빠뜨릴 수 없는 것은 그의

---

* 탁월풍(卓越風, prevailing wind): 대기의 대순환 원리에 의해 연중 일정한 방향으로 부는 바람으로 항상풍이라고도 한다.

벼락 출세와 아내의 자결에 관한 전말이다. 하버는 독일 군인 사회에서 정말 믿기 어려울 정도로 출세를 했다. 그는 곧 신설된 육군성 화학부장의 자리에 오르고 프러시아왕국 대령으로 임명되었다. 순수한 독일인 혈통을 가진 병사도 예비역 하사관에서 일약 하버만큼 뛰어오른 사람은 일찍이 없었다.

프리츠 하버

하버는 1901년 8월, 같은 화학자인 클라라 임머바르(Clara Immerwahr, 1870~1915)와 결혼했다. 클라라는 독일의 브레슬라우(Breslau) 근처에 있는 폴켄도르프 농장(Polkendorf Farm)에서 유대인 부모의 막내딸로 테어나 1900년 12월에 명문 브레슬라우 대학에서 「금속염의 용해도에 관한 연구」로 박사학위를 받았다.

클라라는 결혼한 지 얼마 지나지 않아 주요 인사들을 자주 집으로 초대해 만찬을 벌여야 했는데 이처럼 야심 찬 남편의 뒷바라지를 하는 가사 노동이 너무 벅찬 것을 느꼈다. 어느 역사가의 말에 따르면 "그녀는 결코 앞치마를 벗을 겨를이 없었다"라고 했다.

육체적 피곤만이 아니었다. 정신적으로도 견디기 어려웠다. 그녀는 남편에게 독가스전에 대한 연구를 중단할 것을 수차례 애원했지만 오히려 조국에 대한 반역적인 행위라며 화를 내면서 클라라를 공개적으로 비난했다. 그리고 집을 비우기 일쑤였다. 이프르 전선에서 첫 번째로 염소가스를 살포한 그날 밤도 집으로 돌아와 5월 2일 전선으로 떠나기 바로 전 날, 그의 새로운 독가스 무기 개발을 축하하는 디너 파티에 참석했다. 남편이 단지 하룻밤만 머무르고 다음 날 동부전선의 러시아 군대에 독가스 공격을 지휘하러 떠난다는 사실을 알게 되자 클라라는 하버와 격렬한 말싸움을 벌였다.

클라라는 새벽에 남편의 권총을 꺼내 들고 정원으로 나가 가슴에 총을 쏘아 자살했다. 그러나 하버는 부인의 장례를 열세 살의 어린 아들에게 맡긴 채 그날 냉혹하게 동부전선으로 떠났다.

이와 같은 애국자 하버도 1933년 나치스가 정권을 잡고 모든 유대인을 국가공무원에서 추방하자 예외 없이 독일에서 떠나야만 했다. "나는 독일의 산업과 군사 발전의 길을 열었다. 모든 문은 내 앞에 열려 있다"고 호언했던 하버도 이제는 독일에 사는 한 유대인에 불과했기 때문이다. 그는 1934년 1월에 망명지인 스위스의 국경 도시 바젤(Basel)에서 돌연한 심근경색으로 사망했으며, 당시 65세였다.

비극의 화학자 캐러더스

명주실보다 가늘고 강철보다 강한 나일론 발견

강철보다 강한 나일론

“석탄과 물과 공기로 만들어진 명주실보다도 가늘고 강철보다도 강한 나일론”이란 선전 문구로 나일론이 미국의 듀폰(DuPont) 사에 의해서 판매되기 시작한 것은 1938년이었다.

일제로부터 해방된 이후 우리나라에서도 한때 나일론이 선풍적 인기를 끌었고, 특히 나일론 스타킹은 여성들의 많은 사랑을 받았다.

석탄에서 얻어지는 석탄산(carbolic acid), 물에서 얻어지는 수소(hydrogen), 그리고 공기로부터 얻는 질소(nitrogen)로 출발해 만들어지는 나일론은 20세기 유기합성화학의 걸작이라 해도 손색이 없다.

그러나 이 걸작품의 발명자인 미국의 유기화학자 윌리스 흄 캐러더스(Wallace Hume Carothers, 1896~1937)는 발명 1년 전인 1937년에 스스로 목숨을 끊었다. 대체 이 화학자에게 무슨 일이 있었던 것일까?

대학에 진학한 캐러더스

월리스 흄 캐러더스

1914년 19세가 된 캐러더스는 집 근처의 강둑에 누워 하늘을 바라보며 깊은 사색에 잠겼다. 전날 밤 고등학교 때의 교사가 찾아와 아버지에게 월리스는 두뇌가 매우 명석한 수재이므로 대학에 진학시켰으면 좋겠다고 제의했었다. 그러나 그의 아버지는 아무런 대답도 하지 않았다.

캐러더스는 아버지의 마음을 이해하지 못하는 것은 아니었다. 상업학교의 교사에 불과했던 아버지의 수입으로는 많은 학비가 드는 대학에 월리스를 보내기 어려웠다.

어머니 역시 월리스가 하루라도 빨리 직장을 구해 살림을 돕기를 기대했다. 하지만 동급생들이 하버드 대학이다, 시카고 대학이다 진학하는 것을 생각하면 캐러더스는 어쩔 수 없이 한없이 서글퍼졌다.

"역시 포기해야겠다."

캐러더스는 결심을 굳히고는 벌떡 일어났다. 그리고는 어머니가 바라는 부기(簿記) 학교에 들어갔다. 부기 학교에 다니면서 아르바이트로 타키오 대학(Tarkio College) 상학부의 조수로 일한 것이 캐러더스의 운명을 바꾸었다.

아버지의 지원도 있었지만 조수로 일하면서 그 대학 이학부(理學部)에 들어갔다. 그리고 그 대학을 졸업할 때는 뛰어난 재능을 인정받아 특별장학금을 받고 일리노이 대학 대학원에 진학했다.

29세에 이학박사, 32세에 하버드 대학으로 옮겨 고분자 유기화학 연구에 전념할 생각이었다.

지금까지의 과정을 읽으면 캐러더스의 인생은 장밋빛이었다고 생각하는 독자들이 있을 법하다. 하지만 그는 때로 원인을 알 수 없는 우울증에 시달렸다.

33세가 된 어느 날 캐러더스는 주임교수에게 불려가 듀폰사에 갈 의향이 없느냐는 제안을 받았다. 유명한 화학공업회사인 듀폰에서 이번에 새로운 연구실을 만드는데 그 주임이 되는 우수한 인물을 찾고 있다는 것이었다.

조건도 파격적이어서 대학의 연구실보다 연구 환경이 훨씬 좋을 것 같았다. 그러나 캐러더스는 일류 대학 교수의 꿈을 단념해야 하는 것이 못내 아쉬웠다.

결국 듀폰 사에 가기로 승낙했다. 이렇게 하여 세기의 섬유,

나일론 발견의 길로 들어서게 되었는데, 여기서 캐러더스가 지향한 고분자 유기화학이란 어떤 것인지 대충이라도 설명하고 넘어가는 것이 좋을 것 같다.

고분자 물질

모든 물질은 원자 또는 원자가 몇 개 모여 구성된 분자(molecular)라는 작은 입자로 이루어져 있다. 물은 물분자로, 설탕은 설탕분자로 이루어졌듯이 가장 작은 가벼운 분자는 수소분자이다. 물분자는 수소분자보다 9배나 무겁고 설탕분자는 수소분자보다 171배나 무겁다. 수소분자는 수소원자 2개로 구성되어 있으므로 수소원자의 무게를 1이라고 정했을 때 다른 각종 분자를 이에 비교한 무게를 그 분자의 분자량이라고 한다. 즉, 수소의 분자량은 2, 물의 분자량은 18, 설탕의 분자량은 342가 된다.

캐러더스가 공부한 무렵의 책에는 일반 유기화학물 3천 종에 대해 조사해 보니 분자량이 60에서 300까지의 것이 91퍼센트에 이르렀다고 기록되어 있었다. 유기화합물이란 것은 생물과 관계가 깊은 탄소원자를 함유한 화합물을 이른다. 예를 들면, 알코올, 프로판가스, 아세트산(acetic acid) 등이다.

하지만 이 3천 종 중에는 우리의 생활과 밀접한 관계가 있는 주요 유기물들은 하나도 포함되어 있지 않다. 쌀 속에 있는 녹말(starch)이라든가 난백 성분인 단백질(protein), 목화와 나무의 성분인 셀룰로오스(cellulose) 등이 빠져 있다. 분자량이 분명하지 않다는 이유에서였다.

일반 유기화합물이라고 하는 것은 물이나 알코올에 녹이면 무색 투명한 용액이 된다. 하지만 일반 유기화합물 축에 들지 못하는 녹말이나 단백질 등은 물이나 알코올 등에 녹아도 알의 흰자위처럼 끈적끈적한 용액이 된다. 그 이유는 녹말이나 단백질은 몇천, 몇만에 이르는 분자량을 가진 매우 큰 분자이기 때문이다. 이처럼 매우 큰 분자로 구성되어 있는 물질을 고분자 물질이라 하고, 상대적으로 일반 화합물은 저분자 물질이라고 한다.

캐러더스가 공부한 그 무렵에는 저분자 유기화합물에 관해서는 많은 연구가 이루어졌지만 고분자 물질에 관해서는 아직 거의 몰랐었다.

우리들이 식사를 하면 음식물 중의 녹말은 소화되어 일반적으로 포도당(grape sugar)이라고 하는 D-글루코오스(glucose)가 되어 흡수된다. D-글루코오스는 분자량이 180인 저분자이다. 즉, 녹말분자는 포도당이라는 작은 분자가 수천 개나 이어져 구성되는 큰 분자라고 할 수 있다.

이처럼 속내를 잘 알아보면 고분자 물질이라는 것은 모두 단위가 되는 저분자 물질이 다수 이어져 큰 분자로 성립되어 있음을 알 수 있다.

단위가 되는 이 작은 분자를 모노머(monomer) 또는 단량체

(單量體; 단위체)라고 하며, 녹말은 포도당이라는 한 종류의 모노머로 구성되어 있다. 고무도 아이소프렌(isoprene)이라는 한 종류의 모노머로 형성되어 있다.

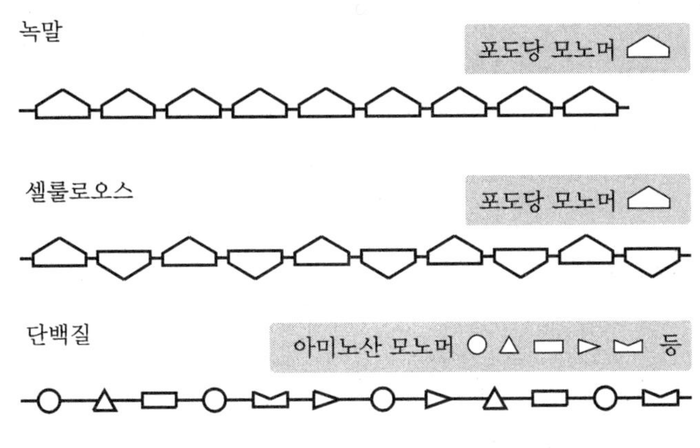

명주실보다도 가늘고 강철보다 강한 섬유인 나일론의 발견

하지만 흔히 한 화물 열차가 여러 종류의 화차로 편성되어 있듯이 몇 종류의 모노머로 구성되어 있는 고분자 물질도 있다. 단백질이 그러한데, 20종류나 되는 아미노산(amino acid)이라는 모노머로 구성되어 있다. 이를 모형적으로 쓰면 위의 그림과 같다.

녹말이든 단백질이든 이 단위의 모노머가 얼마나 많이 연결되어 있느냐에 따라 형성된 물질의 성질은 크게 다르다. 예컨대 셀룰로오스를 보면 아래 표처럼 된다. 따라서 강한 섬유가 되기 위해서는 포도당 모노머가 1,000개 이상 이어지지 않으면 안 된다.

셀룰로오스 분자의 외관

포도당 단위의 수	분자량	분자의 길이	외관
1	180	5A°	분말(포도당)
10	1,640	50	분말
50	8,100	250	너덜너덜한 실 모양
500	81,000	2,500	실 모양
1,000	162,000	5,000	강한 실 모양

A° = 0.00000001cm

연결기를 갖는 화합물

듀폰 사로 옮긴 캐러더스는 처음에 합성고무를 연구해 듀프렌(Duprene)이라는 합성고무를 만드는 데 성공했다. 그러나 여기서는 세기의 섬유, 나일론에 관해서 이야기를 하는 것이므로 듀프렌에 관해서는 설명을 생략하겠다.

천연의 멋진 섬유인 명주실의 성분은 단백질이다. 그러므로 아미노산 분자가 1,000개 이상 이어져 가느다랗고 긴 분자를 형성하고, 그 가늘고 긴 분자가 같은 방향으로 배열해서 우리 눈에 보이는 명주실이 된 것이다.

그러면 아미노산은 어떠한 분자일까. 모형적으로 표현하면 아래 그림과 같이 양단에 마치 전동차의 연결기 같은 부분을 가진 작은 분자이다. 차체에 상당하는 분자 본체는 20종류 정도 되지만 연결기 부분은 어느 아미노산에 대해서도 마찬가지로 끼우는 쪽과 끼워지는 쪽 두 종류이다.

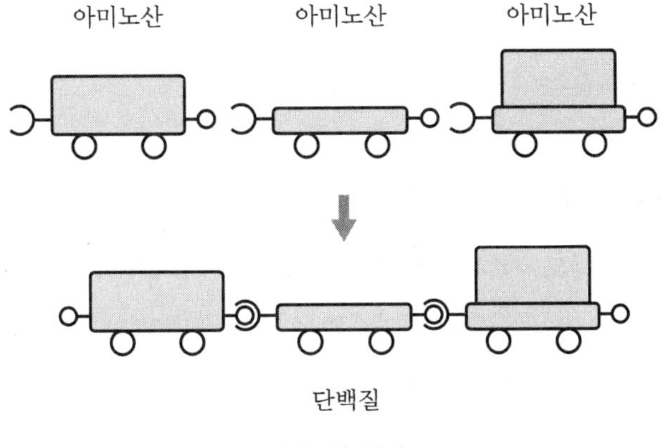

아미노산 분자

캐러더스는 깊이 생각했다. 인간의 손으로 천연의 명주실과 같은 섬유를 합성한다 할지라도 20여 종류의 아미노산을 원료로 모으기는 쉽지 않을 것이고, 더욱이 그 배열 순서를 정한다는 것은 불가능하다. 그렇다면 연결기에 상당하는 부분만 아미노산과 같다면 분자 본체는 달라도 좋지 않겠는가라고.

이런 아이디어로 연구를 진행해 보았지만 아미노산처럼 다른 종류의 연결기를 가진 좋은 화합물은 좀처럼 별견되지 않았다.

고민 중에 캐러더스는 문뜩 한 가지 생각이 떠올랐다. 그것은 한 분자 양쪽에 다른 종류의 연결기 대신 양쪽에 한 종류의 연결기를 양끝에 하나씩 연결하면 종류가 다른 분자라도 좋지 않겠는가라는 아이디어였다.

즉 앞의 그림과 같이 한 차량의 앞쪽과 뒤쪽에 끼우는 방법과 끼워지는 방법의 두 종류의 연결기가 아니라 한 차량은 앞

뒤 모두 끼우는 형으로만, 다른 한 차량은 양쪽 모두 끼워지는 형만을 갖는 차량을 한 차량씩 엇갈리게 연결한다면 길게 연결할 수 있을 것이라는 생각이었다.

이렇게 해서 탐색해 보니 상당히 많은 화합물이 발견되었다. 그중에서도 헥사메틸렌다이아민(hexamethylenediamine)과 아디프산(adipic acid)이 가장 좋은 것을 알았다. 이렇게 해서 선풍적 수요를 몰고 온 나일론(nylon)이 발명되었다.

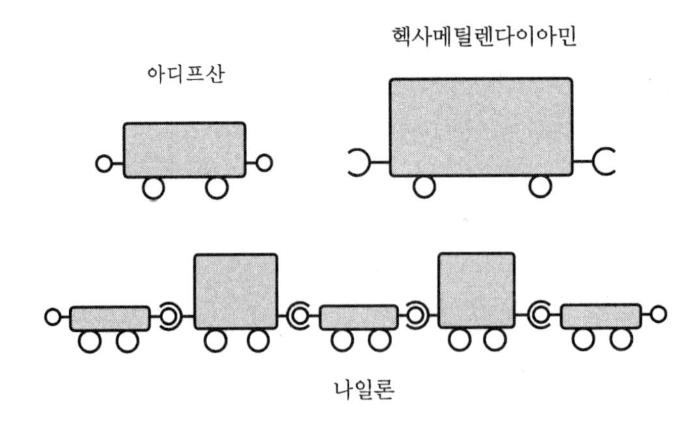

서글픈 인생

나일론의 발명으로 유명세를 타기 시작한 41세의 캐러더스는 1936년 2월 21일, 헬렌 스위트맨(Helen Sweetman)이라는 미모의 여성을 만나 결혼했다. 그러나 얼마 지나지 않아 캐러더스는 결혼에 실망했다. 기대했던 생활과는 너무도 벗어났기 때문이다.

이제까지의 고독감을 씻어 주고 새로운 일에 대한 의욕과 힘을 길러 줄 아내를 바랐으나 헬렌은 캐러더스의 명성을 앞세워 사교장으로만 끌어내려고 했다. 알뜰한 내조보다는 복장 같은 것에 일일이 참견했다.

이렇게 되자 나일론이 유명세를 타는 것과는 반대로 캐러더스의 우울증은 더욱 깊어만 갔다. 나일론 따위는 연구 과정에서 발견된 부수적인 곁다리에 불과하다. 아예 유기화학 연구를 집어치우고 싶은 생각까지 하게 되었다.

남이 보면 영광의 정상에 있으면서도 인간으로서의 고독감에 못 이겨 1937년 4월 29일, 그는 끝내 죽음을 선택하고 말았다. 그가 죽은 그해 11월 27일, 아버지의 얼굴도 보지 못한 딸 제인(Jane)이 태어났다. 그리고 그가 죽은 다음 해 나일론은 대대적으로 발표되었다.

인생이 서글프다는 말은 캐러더스를 두고 하는 말 같다.

플레밍과 항생제 페니실린

거듭된 우연의 성공 모델

우연이 가져다 준 행운

인류를 구한 마법(魔法)의 탄환의 하나였다고까지 일컬어진 페니실린(penicillin)이라는 항생 물질이 세상에 나오기까지의 과정은 과학 역사상 유명한 우연 사건으로 간주되고 있다. 일찍이는 프랑스의 과학사 저술가 르네 타튼(Réné Taton, 1915~2004)의 『발견은 어떻게 이루어지는가』(1955)에서 우연한 발견의 대표적 사례로 다루어졌고, 1989년에 간행된 로이스턴 로버츠(Royston M. Roberts)의 우연한 발견의 기록인 모노그래프(monograph) 『세렌디피티(*Serendipity: Accidental Discoveries in Science*)』(John Wiley & Sons, Inc.)에서도 역시 유례가 드문 우연이 여러 번 거듭된 에피소드로 소개되었다.

여기서는 그 행운의 주인공인 알렉산더 플레밍(Alexander

Fleming, 1881~1955)이 페니실린의 발견으로 노벨 생리학상을 수상하기까지의 역정을 짚어 보기로 하겠다.

플레밍의 우연 인생

플레밍은 1881년 8월 6일, 스코틀랜드의 남서부 에어셔(Ayrshire) 록필드(Lockfield) 농장에서 태어나 어린 시절 그곳에서 자랐다. 일곱 살 때 농부였던 아버지(Hugh Fleming, 1816~1888)가 돌아가시자 소작지는 큰형인 휴가 이어받고, 배다른 형제까지 포함하면 네 번째인 플레밍은 런던에서 안과병원을 개업하고 있는 둘째 형 톰을 찾아 런던으로 왔다.

만약 그가 장남으로 태어났더라면 사실 휴가 그러했던 것처럼 일생 동안 스코틀랜드에서 농부로 살았을 것이다. 그러한 의미에서 재혼한 선친의 두 번째 아들로 태어난 사실까지도 '페니실린의 우연'에 포함된다. 다소 억지 같은 생각도 들지만 후의 경과로 판단하면 플레밍 이외의 어느 형제 중의 하나였다면 발견하지 못했을지도 모른다는 의문이 들므로 출생의 우연도 주목된다.

1899년에 보어전쟁(Boer War, 1899~1902)이 발발하자, 플레밍은 동생인 로버트와 함께 지원병에 응모했다. 연대(連隊)의 훈련병으로 런던에 주재하는 동안에 전쟁이 끝나 버렸기 때문에 형제는 케이프 식민지(Cape Colony: 현재의 남아프리카공화국)로의 파견을 모면할 수 있었다. 전사하지 않고 넘어간 것까지 우연에 넣는다면 그가 페니실린을 발견하기까지 수백 페이지는 기록해야 할 것이다.

그러나 연대에 들어간 덕으로 플레밍은 사격과 수구(水球)의 지도를 받아 두드러지게 실력을 쌓아 대표팀에 선발된 것이 후에 중요한 우연을 만드는 요인이 되었다.

플레밍은 16세 때부터 '아메리카 라인(America Line)'이라는 선박 회사에서 하급 선원으로 일하게 되었다. 물론 그 선박 회사에서 일생을 마칠 가능성도 있었다. 마이클 패러데이(Michael Faraday, 1791~1867)처럼 연구자가 되기 위해 준비하고 있었던 것도 아니다. 하지만 20세 때 큰아버지가 죽으면서 그는 250파운드(그의 첫 급료로 환산하면 약 10년분의 액수)의 유산을 물려받게 되었다. 형이 개업의로 성공했으므로 그는 그 유산을 학비로만 지출해 런던의 의학교에 진학하기로 결심했다. 그리하여 1901년 시험에 합격했는데, 큰아버지의 사망에 의한 이 제3의 우연은 그의 장래의 직업을 결정짓는 중요한 우연이었다.

런던의 의학교에 진학하는 경우에도 당시 교육기관을 겸한 병원은 런던에 열두 곳이 있었다고 한다. 입학 자격시험에 합격한 사람은 그중에서 통학하고 싶은 학교를 선택할 수 있었다. 이때 플레밍이 선택한 곳은 세인트메리병원(St. Mary's Hospital)이었다. 군대 시절에 수구 시합을 해서 진 것이 계기였다고 한다. 사실 이 병원이 아니었다면 페니실린의 발견은 아마도 불가능했을 것이다. 그는 12분의 1의 확률로 노벨상의 길을 선택했던 것이다.

플레밍은 1906년에 우수한 성적으로 왕립외과대학과 내과대학의 자격시험에 합격해 의사 면허를 받게 되었다. 그때 그에게 맡겨진 선택지는 많았다. 세인트메리병원을 포함한 런던 시내의 병원에 입주해 근무할 수도 있었고, 형처럼 개업할 수도 있었다. 하지만 사격 클럽의 친구인 프리만에게 플레밍이 떠난다는 것은 아미티지(Armitage) 배(杯)의 우승을 놓치는 것과 다름없었다. 그만큼 플레밍의 능력은 신뢰를 받고 있었다.

의학과는 전혀 무관한 이와 같은 이유에서 프리만은 소속된 라이트 박사 연구실의 하급 조수로 플레밍을 추천했다. 얼마 되지는 않지만 봉급을 받는 신분이었기 때문에 이것저것 따질 것 없이 권유에 못 이기는 척 플레밍은 이 연구실에 배속받게 되었다. 설마 앞으로 49년 동안이나 그곳에 있게 되리라고는 생각지도 못했을 것이다.

예방의학과 면역학의 선구자였던 암로스 라이트(Almroth Edward Wright, 1861~1947)의 예방접종 연구실에서는 면역요법의 가능성을 확대하는 과제가 플레밍에게 맡겨졌다. 면력요법이란, 백신을 사용한다고는 하지만 어디까지나 인체 방어 기능의 활성화에 의해서 침입한 세균을 제거하는 방법을 이른다.

버나드 쇼(George Bernard Shaw, 1856~1950)의 친한 논쟁 상대였던 라이트는 살균제의 사용을 극도를 싫어했다. 군부(軍部)의 의국(醫局)을 중심으로 당시에는 환부 국소를 석탄산

(phenol) 등으로 소독 살균하는 화학요법이 주류였으나 석탄산은 득보다는 해(害)가 컸는데, 그 원인은 세균을 죽이기보다 먼저 세균으로부터 몸을 지키는 백혈구를 죽이게 된다는 것을 알았기 때문이다.

1922년에 플레밍은 세균은 죽이지만 백혈구는 죽이지 않는 항생 물질을 아주 우연히(serendipity) 발견했다. 플레밍이 어쩌다 감기에 걸렸을 때 자기 코의 분비물을 조금 확보해 배양했다. 누른빛의 세균으로 가득한 배양 접시를 조사하고 있을 때 그의 눈물이 한 방울 접시에 떨어졌다. 다음 날 그가 배양 접시를 조사하자 눈물이 떨어진 부분이 깨끗해져 있었다. 플레밍은 날카로운 관찰력과 탐구심으로 눈물에는 세균을 신속하게 분해하지만 인간의 조직에는 무해한 물질이 포함되어 있다는 결론을 얻었다.

눈물에 포함되어 있던 항균성 효소를 그는 라이소자임(lysozyme)이라고 이름을 붙였다. 라이소자임을 죽이는 세균은 비교적 무해한 것이기 때문에 별로 실용성은 없다는 것을 알았지만 뒤에서 설명하는 바와 같이 이 발견은 페니실린 발견에 없어서는 안 되는 전주곡이었다.

페니실륨속(屬)의 곰팡이에 의해 오염된 페트리 접시를 살펴보는 알렉산더 플레밍

1928년 여름, 플레밍은

인플루엔자(influenza)를 연구하고 있었다. 실험실에서 평소와 마찬가지로 페트리 접시(뚜껑이 있는 평탄한 유리 접시) 속에서 배양한 세균의 모습을 현미경으로 조사하던 플레밍은 한 접시 안에 이상할 정도로 깨끗한 부분이 있는 것을 발견했다. 자세하게 살펴보니 뚜껑이 열려 있던 틈 사이에서 떨어졌을 것으로 믿어지는 한 조각의 곰팡이 주위에 그 깨끗한 부분이 퍼져 있었다. 라이소자임에서의 경험으로 미루어 플레밍은 이 곰팡이가 배양 접시 속의 포도상구균(Staphylococcus)을 죽이는 무엇인가가 붙어 있는 것이라고 생각했다. 플레밍의 보고에 의하면, "라이소자임에 대한 이전의 경험이 없었더라면 틀림없이 다른 많은 세균학자와 마찬가지로 그 접시를 버렸을 것이다.…… 또 다분히 몇몇 세균 학자는 나와 마찬가지로 변화를 발견했을 것이다. 그러나 자연적으로 생겨나는 항생 물질에 대한 흥미가 없었기 때문에 배양 접시는 쉽게 버렸을 것이다.…… 나는 그 오염된 접시를 쓸모없는 것이라 버리지 않고 좀 더 조사해 보기로 했다."

플레밍은 이 곰팡이를 나누어, 푸른곰팡이인 페니실륨(Penicillium: blue mold)속으로 분류되는 것을 확인하고, 그것이 생산하는 항생 물질을 페니실린이라고 명명했다. 후에 그는 "곰팡이의 종류는 수천 가지나 되고, 세균 역시 수천 가지 종류가 있는데 마침 알맞은 때, 알맞은 곳에 그 곰팡이가 떨어졌다는 것은 마치 복권에 당첨되는 것과 같은 것이었다"고 회고했다.

세균의 종류가 수천 가지란 말은 매우 적절한 표현으로, 페니실린은 포도상구균을 포함한 많은 세균에 유효하지만 다른 몇 가지 세균에는 효력이 없기 때문이다. 다행스럽게도 페니실린이 유효한 세균에는 인간에게 흔하면서 심각한 전염병의 원인이 되는 것이 많이 함유되어 있었다.

1928년 당시, 전염병에 곰팡이를 이용한다는 것은 전혀 새로운 생각은 아니었다. 1877년 루이 파스퇴르(Louis Pasteur, 1822~1895)와 그의 공동 연구자인 줄 주베르(Jule François Joubert)는 한 미생물이 다른 미생물의 성장을 방해하는 것을 보여 주었다. 고대에는 이집트인과 로마인들이 빵에서 얻은 곰팡이를 사용했다는 기록도 있지만, 빵에 발생하는 곰팡이도 종류가 수천에 이르고, 전염병에 유효한 물질을 만드는 것은 그중에서 극히 일부일 것이다. 플레밍은 페니실린이 동물에 대해 독성을 갖지 않고, 신체의 세포에 대해 해를 끼치지 않는다는 것을 밝히기 위해 실험을 계속했다.

"이것이 언젠가는 치료약으로서의 진가를 발휘하게 될 것이라고 내가 믿게 된 것은 백혈구에 대해 독성이 없다는 사실을 통해서였다.…… 인간의 혈액 속에서 시험하면 미정제(未精製) 페니실린은 1,000분의 1의 농도에서도 포도상구균의 생육을 완전 방해하지만 백혈구에 대해서는 당초의 배지(培地)의 그것 이상의 독성은 없었다.……(병원 환자의) 몇 사람에게 시험적으로 사용해 본 결과 나쁘지는 않았다. 그러나 놀랄 만한 일은 없었고, 내가 생각하기에 농축할 필요는 있는 것 같았다. 우리는 페니실린의 농축을 시도했지만 알게 된 사실은, 페니실린이 분해되기 쉽고……우리들의 간단한 방법으로는 도움이 안 된다는 것이었다."

그 사이에 설파닐아미드(sulfanilamide)가 큰 성과를 거두었기 때문에 화학요법이 주목을 받게 되었다. 플레밍의 공동 연구자인 해럴드 레이스트릭(Harold Raidstrick) 박사가 페니실린을 분리해 농축하려고 시도했지만 성공하지 못했다.

페니실린에 대해서는 그 후에 몇 년 동안 손을 쓴 적이 없었다. 그러나 30년대 후반이 되어 옥스퍼드 대학의 병리학 교수 하워드 플로리(Howard Walter Florey, 1898~1968)는 그가 옥스퍼드 대학으로 초빙한 독일의 유대인 난민 생화학자인 에른스트 체인(Ernst Boris Chain, 1906~1979)과 공동으로 연구를 시작했다. 그들은 먼저 플레밍이 발견한 항균성 효소 라이소자임(lysozyme)과 기타 천연 항생 물질에 대해서도 연구를 시작했지만 바로 그중에서 가장 유망한 것으로 간주되는 페니실린이 연구의 중심이 되었다.

세인트메리병원의 플레밍에게는 생소한 분리와 농축의 세련된 방법을 옥스퍼드 대학에서는 이용할 수 있었고, 플로리와 체인은 그 방법들을 잘 알고 있었다. 그 때문에 옥스퍼드 대학 그룹은 페니실린의 농축과 정제에 성공하고, 그 결과 먼저 생쥐를 이용한 실험적인 감염증에 대해, 이어서 포도상구균과 기타 세균에 의한 중증의 감염증에 걸린 환자에 대해 치료 효과가 있음을 증명할 수 있었다(인간에 대해 최초로 사용된 페니실린은 병원 환자의 배설물을 받아 내는 요강 같은 것에서 배양된 것이었다. 환자의 뇨에서 회수해 재사용했음에도 불구하고 약이 부족해 임상 시험이 예정보다 일찍 중단되기도 했다).

제2차 세계대전 중 군대의 병자와 부상병이 이용해야 할 긴급성 때문에 페니실린의 대량 생산이 영국과 미국 쌍방에서 최대의 관심사였다. 플로리가 미국을 방문해, 영국에서 사용되고 있는 추출과 제조 방법을 설명했고, 화학자들은 대서양을 사이에 두고 양쪽에서 페니실린의 화학구조를 결정하거나 합성과 발효로 그것을 만드는 방법을 연구하는 데 몰두했다. 이 불안정하고 복잡한 분자의 최초의 화학 합성은 전쟁이 끝난 훨씬 이후에야 가능했지만 발효로 그것을 제조하는 방법의 개발은 전쟁 중에 경이적인 속도로 진전되었다.

발견 때와 마찬가지로 페니실린의 제조법에 관해서도 우연이 작용했다. 플로리가 페니실린의 대량 합성법을 상담하기 위해 미국에 왔을 때 그는 일리노이 주 피오리아(Peoria)에 있는 미국 농무부의 북부농학연구소를 방문했다. 이 연구소는 당시 잉여 곡물의 공업적 이용법을 찾고 있었으며, 이와 관련해 옥수수의 제분 과정 시 부산물인 점조(粘稠)한 추출물의 처리법을 찾고 있었다. 이 추출물을 페니실린 배지에 넣으면 놀랍게도 목적하는 곰팡이의 수량(收量)은 10배나 늘었다.

피오리아연구소에서는 페니실린을 생산하는 곰팡이의 개량종 개발에 나섰다. 세계 각처에서 수백 종에 이르는 곰팡이가 수집되고, 그것을 피오리아연구소에서 테스트했다. 믿기 어렵

1946년에 프랑스 조폐국이 발행한 플레밍의 메달

게도 승리의 영광은 메리 헌트(Mary Hunt)라는 그 지방 토박이 부인에게로 돌아갔다. 그녀는 새로운 곰팡이를 찾기 위해 너무나 열심히 활동했으므로 '곰팡이의 메리'라는 별명을 얻기까지 했다. 메리는 '화려한 황금빛의 곰팡이가 붙은 칸탈로프 멜론(cantaloup melon: 참외의 일종)을 피오리아의 과일시장에서 구해 왔으며, 이 새로운 계통의 곰팡이는 페니실린의 수량을 20배나 끌어올렸다. 그러므로 결국 피오리아에서의 두 가지 발견이 페니실린의 생산량을 20배로 늘린 셈이다. 영국의 런던에서 우연히 발견된 기적의 약 생산에 미국 중서부의 작은 도시 피오리아가 이토록 현저하게 공헌하리라는 것을 어느 누가 예상이나 했겠는가.

전시 중에 수천 명에 이르는 생명이 페니실린에 의해서 구제되었을 뿐만 아니라, 페니실린과 화학적으로 친척 관계에 있는 세팔로스포린(cephalosporin)을 포함해 이 밖에도 항생 물질을 발견하려는 연구가 성황을 이루었다. 새로운 항생 물질 중에는 페니실린에 저항력이 있는 세균에 대해 유효한 것도 있었다.

플레밍, 체인, 플로리의 세 사람에게 1945년 10월 25일 노벨 생리·의학상이 수여된다는 전보가 도착했다. 이어서 이들 세 사람 모두에게 수많은 사람의 고통을 제거하고 생명을 구했다는 공적으로 작위가 수여되었다.

알렉산더 플레밍 경은 자기 자신이 우연과 조우한 사실을 잘 알고 있었다. 그가 지난날 "페니실린에 얽힌 사연에는 분명히 흥미로운 면이 있었으며 어느 누구의 인생에서도 따르기 마련인 행운이라든가, 운명이라든가 숙명과 같은 것을 설명하는 데 도움을 준다"고 술회한 적이 있다. 끝으로 한 마디 덧붙인다면 플레밍에게 일어난 우연도 그의 지성이라든가 통찰력이 없었다면 무위로 끝나 버렸을 것이라는 사실이다.

그래도 지구는 돈다

갈릴레이의 마음고생

사람들 마음속에 뿌리박힌 천동설

옛날 사람들은 지구가 도는 것이 아니라 태양이 하늘을 가로질러 움직이는 것이라고 믿었다. 그도 그럴 것이 매일매일 규칙적으로 반복해서, 누가 보아도 분명히 태양이 움직이고 있었기 때문이다. 이 믿음은 이스라엘왕 솔로몬 시대에도 사람들 마음속에 뿌리박혀 있었다. 솔로몬은 "태양은 다시 떠오르고, 태양은 기울어 떠오른 곳으로 서둘러 간다"고 했다. 또 요슈아는 "태양이여, 가데온 위에 머물러라"라고 명령했다. 만약에 태양이 하늘을 가로질러 움직이는 것이 아니라고 믿었다면 이렇게 말하지는 않았을 것이다.

성서에 나오는 이 두 구절에 따라 교회는 태양이 움직이고 지구는 정지해 있는 것이라고 가르쳤다. 그리고 종교상의 문제이든 세속의 문제이든 초기와 중기, 교회의 가르침은 누구든 따라야 했으므로, 만약 그에 거역한다면 엄한 배척을 당하거나 심한 경우 사형까지 당하는 형벌이 내려졌다.

지동설의 출현과 반응

1543년에, 태양은 제자리에 정지해 있고 지구가 태양 둘레를 돌고 있다고 기술한 책이 출판되었다. 이 이론은 많은 교양인에게 큰 충격을 안겨 주었다. 그 책의 저자인 니콜라우스 코페르니쿠스(Nicolaus Copernicus, 1473~1543)는 자신의 이론이 일반 신앙에 반하므로 세상 사람들로부터 크게 비판을 받을 것이라 예상하고 있었으며, 교회의 진노도 두려워하고 있었다. 그래서 그는 책의 출판을 거듭 미루다가 죽는 당일에야 책의 인쇄가 완료되었다.

이로부터 얼마 지나, 조르다노 브루노(Giordano Bruno, 1548~1600)라는 이탈리아 학자가 코페르니쿠스의 이론을 바탕으로, 그것을 지지하는 학문적인 책을 썼다. 1600년에 그는 파문당하고, 이어서 화형(火刑)에 처해졌다.

니콜라우스 코페르니쿠스

종교개혁은 잘 알려진 바와 같이

기독교회를 두 파로 분열시켰다. 그러나 두 파 모두 적어도 태양이 움직인다는 점에서는 믿음이 같았다. 가톨릭에서는 이를 믿지 않는 것은 생명과도 관련되는 중죄로 간주했다. 프로테스탄트(복음주의) 일파의 지도자인 마르틴 루터(Martin Luther, 1483~1546)는 코페르니쿠스를 "천문학 전체를 뒤집어엎으려는 어리석은 바보 녀석"이라 비난하고, "그러나 성서가 증명하는 바와 같이, 요슈아가 멎으라고 명령한 것은 태양이지, 지구는 아니었다"고 부언했다. 한편 프로테스탄트의 또 다른 한 파의 지도자인 장 칼뱅(Jean Calvin, 1509~1564)은 "누가 감히 코페르니쿠스의 권위를 성서의 권위 위에 올려놓으려 하는가, 시편 93에도 써 있지 않는가"라고 했다.

우리가 지금에 와서 이들 종교지도자의 행위를 비판하기는 쉽다. 하지만 우리는 다음 사실도 유의하지 않으면 안 된다. 바꾸어 말하면, 성서의 가르침의 대부분이 여러 세기에 걸쳐 잘못된 기초 위에 구성되어 있었다는 것을 의미하게 된다. 그것은 교회인의 지식(知識) 세계 전체를 위기에 몰아넣게 되는 것이다.

갈릴레이의 심문과 『천문학대화』

1609년까지도 천문학자들은 육안으로 천체를 관측했다. 그러다가 그해, 이탈리아의 갈릴레오 갈릴레이(Galileo Galilei,

1564~1642)가 처음으로 천체망원경을 사용했다. 그는 목성과 그 위성을 관찰한 결과 코페르니쿠스의 이론에 동의하게 되었다.

갈릴레오 갈릴레이

망원경을 사용한 덕택에 많은 새로운 발견이 이루어진 후에 갈릴레이의 생각은 점차 세상 사람들에게 알려지게 되었다. 그래서 1616년에 교회는 태양은 정지해 있고 지구가 움직인다는 신앙은 틀린 것이라고 성명을 낼 필요가 있다고 생각했다. 이 성명이 발표된 지 이틀 후에 갈릴레이는 소환되어 추기경회에 출두했다. 그때 그는 그와 같은 사상을 갖거나 가르치거나 변명 등을 하지 않도록 공식적인 경고를 받고, 그 경고에 따르기로 약속했다고 한다.

그가 그러한 경고를 받은 것이 사실인지, 아니면 교회가 코페르니쿠스의 책을 금서로 규정한 사실을 알리지 않았는지에 관해서는 저술가들 사이에 이견이 있다(믿음이 깊은 가톨릭 신자는 금서로 규정된 책은 읽어서는 안 되게 되어 있었다). 진상은 어떤 것이었는지 알 수 없지만, 어떻든 돈독한 가톨릭 신자였던 갈릴레이는 1630년까지 그의 이론에 대해 공식적인 언급을 일절 하지 않았다. 그해에 그는 『두 개의 주된 우주 체계에 관한 대화(*Dialogo fopra due massimi sistemi del mondo, tolemaico, e copernicaon*)』(1632), 약칭 『천문학대화(天文學對話)』라는 제목의 매우 유명한 저서를 출판했다.

갈릴레이의 종교재판

갈릴레이는 이 『천문학대화』에서 코페르니쿠스의 이론을 강력하게 지지했다. 그는 당초 책의 인쇄에 관해 가톨릭 관계 권위자로부터 허가를 얻은 바 있었지만 그 출판은 많은 적을, 특히 예수회와 도미니코회 교직자들로부터 분노를 사게 되었다. 그래서 책이 출판되고 시일이 얼마 지나지 않아 종교재판소는 그 책의 내용을 조사하기 위한 위원회를 설치했다. 위원회는 그것은 온당치 못하다는 보고서를 제출했고, 갈릴레이에게는 재판소에 출두하라는 명령이 내려졌다.

그는 이미 70세의 고령에다 병든 몸이었으므로 재판을 위해 먼 길을 가는 것이 어렵다고 항변했지만 당국은 그의 출두를 강요했다. 다만 갈릴레이가 로마에 도착하자 보통은 용의자를 우선 감옥에 가두는 것이 항례였으나 그러지 않고 친구 집에 체류하는 것을 허가했다.

갈릴레이에 대한 최초의 심문에서는 그가 그 책을 선의(善意)로 썼다고 항변한 외에는 거의 별일 없이 끝났다. 하지만 두 번째 심문에서는 다분히 그가 쓴 내용을 부인하지 않는 한 제1단계인 심리적 고문을 가하겠다는 협박을 당한 것 같았다 (이 고문은 '데리도 레알리소'라고 해서, 피의자에게 여러 가지 고문

도구를 보이고 그것이 어떻게 작용하고, 그 결과가 어떻게 되는가를 자세하게 설명하는 것이었다). 갈릴레이는 자신의 생각이 잘못되었다는 것을 선서를 통해 고백했다.

그래서 1633년 6월 22일, 로마의 산타 마리아 소프라 미네르바(Santa Maria Sopra Minerva) 수도원에서 종교재판이 엄숙하게 개정(開廷)되었다. 여기에는 다수의 추기경(그를 재판하는 판사)과 교회의 고등사무관이 열석했다. 최후에 다음의 판결이 선고되었다.

"그대 갈릴레이는 성서의 내용을 자기 자신의 생각에 따라 자의적으로 해석함으로써 1615년에도 종교재판소에 고발된 적이 있었다. 그래서 종교재판소는 다음과 같이 포고했었다.

제1. 태양이 세계의 중심에 있고 움직이지 않는다는 명제는 불합리하며, 철학적으로도 잘못이며, 명백히 성서에 위반되는 것이므로 외형상으로는 이단이다.

제2. 지구가 세계의 중심에 있지 않고 부동도 아닌, 움직인다는 명제도 불합리하며, 철학적으로 잘못된 이론이다.

그러나 당시는 피고를 너그럽게 다루려고 했으므로 추기경회는 추기경 로베르토 벨라르미노(Roberto Bellarmino, 1542~1621) 예하로 하여금 피고에게 전술한 잘못된 설교를 완전 폐기하라고 포고했었다. 그리하여 피고는 장래에 말로든, 문서로든 여하한 방법으로든 변호 또는 교수하지 않도록 명령하고, 피고가 복종을 약속했으므로 방면했었다."

지난 1616년의 사건을 이와 같이 되새긴 후에 선고는 이어져, 갈릴레이가 자신의 이전의 견해를 변호하는 책을 쓴 것을 고백했다고 한다. 판결문은 다음과 같이 이어졌다.

"이것은 실로 중대한 오류이다. 왜냐하면 어떠한 견해도 성서에 반하는 것이라고 선고된 이상은 시인되지 않기 때문이다. 그러므로 그대의 이론의 옳고 그름을, 그대의 고백과 변해(辯解)와 다른 고려할 모든 사항을 함께 검토해 신중하게 고려한 후 우리는 그대에 대해 다음의 최종 판결에 이르렀다.

우리는 그대, 전술한 갈릴레이가 이 종교재판소에 의해 이단의 혐의를 받기에 이르렀다는 것을 밝히고, 판단해 선고한다. 즉 피고는 그릇된 생각으로, 성서에 반하는 주장을, 그것이 성서에 반하는 것이라고 선고되어 결정된 후에도 지지하고 있었다. 그 결과 그대는 그와 같은 위반자에 과해지고, 신성한 법규의 온갖 부분에 공포되어 있는 비난과 형벌에 위반했다. 하지만 그대가 진실한 마음과 성실한 신앙을 바탕으로 우리 앞에서 전술한 오류와 이단 및 로마 가톨릭과 교황의 교회에 반하는 다른 온갖 오류와 이단을 우리가 이제부터 그대에게 과하는 입장에서 공공연히 버리고 저주하며 혐오한다는 조건 아래 그대를 그 비난과 형벌에서 면죄시키는 것을 우리는 기뻐하는 바이다.

우리는 또 갈릴레오 갈릴레이의 그 저서가 공공의 포고를 금지한다는 것을 선고한다. 그리고 우리는 그대를 우리가 임의로 정할 수 있는 기간 동안 이 종교재판소에 정식으로 감금할 것을 언도한다. 덜 유익한 회개 방법으로 우리는 그대에게 앞으로 3년간, 매주 1회, 7개 회개 시편(구약성서 '시편' 6, 32, 38, 51, 102, 130, 140)을 음송할 것을 명하며, 전술한 형벌과 참회를 늦추고, 바꾸고, 또 전부 또는 일부를 취소하는 권력을 우리는 갖는다."

이에 대해, 갈릴레이는 무릎을 꿇고 다음과 같이 선서했다.

나 갈릴레이, 고(故) 빈센초 갈릴레이(Vincenzo Galilei)의 아들, 피렌체인, 당 70세는 재판소에 호출되어 추기경 예하(猊下)들 및 이단의 부패에 대항하는 전 세계 그리스도교국의 종교재판소장 앞에 무릎 꿇고 목전의 성서에 손을 얹어 성 가톨릭과 교황의 로마교회가 설교하고 가르쳐 온 모든 사항을 나는 언제나 믿어 왔으며, 현재도 믿고, 신의 도움으로 장래에도 믿게 될 것임을 선서합니다. 그러나 이 재판소로부터 법에 따라, 태양이 세계의 중심에 있어 움직이지 않는다고 주장하는 그릇된 견해를 버리라는 명을 받고, 또 전술한 그릇된 교설을 지지하거나 변호하거나 가르치는 것을 금지하라는 명을 받았음에도 불구하고 나는 전술한 교설을 다룬 책을 써 인쇄했습니다.…… 그러므로 나는 상술한 재판소에 의해 이단의 혐의가 뚜렷한 자, 즉 내가 지구가 중심이 아니라 태양의 주위를 돌고 있나고 믿는 것을 엄하게 판단받았습니다.

그러므로 재판관 여러분 및 모든 가톨릭 교도들이 나에게 갖는 이 무시무시한 의혹을 벗고자 열망하므로 나는 진실한 마음과 성실한 신앙으로 전술한 잘못과 이단 및 신성한 교회에 반하는 다른 모든 잘못과 종파를 버리며 참회, 혐오하는 바입니다. 나는 앞으로 —중략—

또 나는 이 종교재판소가 나에게 이미 내렸거나, 또 앞으로 내리게 될 모든 속죄의 고행을 엄숙하게 이행할 것임을 약속합니다. 그러나 만약에 내가 나의 언어로 인해 나의 약속, 주장, 선서에 반하는 행위를 하는 일이 생긴다면 나는 그러한 위반자에 대해 내려지는 신성한 법규와 다른 일반 또는 특수한 법률로 규정되어 있는 모든 형벌과 징계를 달게 받겠습니다. 신이 시여, 내가 손에 얹고 있는 성서의 은총이 함께하소서.

나, 갈릴레오 갈릴레이는 이상과 같이 선서하고 약속하는 바입니다. 이 사실의 증거로, 나는 이 문서를 한 구절, 한 구절 반복해 읽고, 나 자신의 손으로 서명하는 바입니다.

1633년 6월 22일
로마, 미네르바 수도원에서

그래도 지구는 돈다

전하는 바에 의하면 갈릴레이는 이 선서를 마치고 일어섰을 때, 지구가 움직인다는 것을 부정한 사실에 대해 양심의 가책을 받아 안절부절 못했다. 왜냐하면 '그의 양심은 그가 거짓 선서한 것을 지적'했기 때문이다. 그는 땅바닥을 보고 발로 짓밟으면서 'Eppur si muove'(그래도 역시 그것은 움직인다)라고 혼잣말을 했다 한다.

이 한 마디는 과학사에서 많이 인용되고 있다. 하지만 그가 재판관 앞에서 그런 말을 했으리라고는 쉽게 수긍되지 않는다. 왜냐하면, 그는 병약한 노인으로 재판 과정을 통해 건장한 젊은이라도 견디기 힘든 과정을 겪었다. 그뿐만 아니라 재판관이 그러한 발언—'법정 모독죄'에 해당할—을 들었다면 그에게는 더욱 엄한 형벌이 내려졌을 것이다. 이 한 마디가 처음 인쇄된 책에 실린 것은 지금까지 알려진 한 1757년에 그의 초상에 첨부된 다음 문장에서 유래된 것 같다.

"이것은 유명한 갈릴레이로서, 지구가 움직인다고 주장한 탓에 6년간 재판소에 억류되어 고문을 당한 사람이다. 그는 방면된 순간, 하늘을 우러러보고, 땅을 내려다보며 발로 짓밟으면서 명상적인 기분으로 'Eppur si muove' 즉 그래도 역시 그것은 움직인다라고 했다. 그것이란 지구이다."

설령 갈릴레이가 이런 말을 했다 할지라는 그것은 법정이 아닌 법정 밖에서 했을 것이다. 실제로 그가 법정에서 벗어난 후에 이런 말을 했을 가능성은 충분히 있다. 그도 그럴 것이, 그때 그는 소수의 오랜 친구들에게 둘러싸여 있었기 때문이다. 그 하나의 증거가 오래된 그의 초상에서 나왔다. 이 초상은 1911년에 액자에서 꺼내졌다. 그러자 이제까지 액자 밑에 가리워졌던 여백에 소수의 그림이 끼어 있었다. 그것은 사람들 눈에 보이지 않도록, 의도적으로 숨겨둔 것 같다. 그것은 태양의 주위를 도는 지구를 그린 것으로, 'Eppur si muove'라는 글이 쓰여져 있었다. 그림은 다분히 1646년에 갈릴레이가 재판 후에 머무른 집 주인이 어떤 스페인 화가에게 부탁해서 그린 것이다.

지금에 와서, 갈릴레이가 재판관들 앞에 나타나기 전에 고문을 당했다는 것을 믿는 사람은 거의 없다. 그러나 그는 분명 관례의 절차에 따라 제1단계의 심리적 고문에서 위협을 받았을 것이다. 그러나 그가 치른 실제의 형(刑)은 매우 가벼웠다. 그는 이틀간 종교재판소에 구류된 후에는 어느 친한 대주교의 집에 '가택연금' 상태에 있었고, 여기서 수개월 머문 뒤에는 피렌체의 자택으로 귀가하는 것이 허락되어, 남은 생애를 자택에서 '엄중 근신'하면서 보냈다.

콜럼버스의 달걀

따라하기는 누워서 떡먹기

콜럼버스의 악전고투

발견은 언뜻 보기에 매우 단순하게 보이는 것도 많다. 그러므로 설명을 듣고 나서야 '나는 왜 진작 그 생각을 못했을까' 하고 애석하게 느끼는 경우가 있다. 그렇기 때문에 사람들은 간혹 발견자를 대수롭지 않게 보고 '뭐, 별것도 아닌 것을 갖고'라며 경시하기도 한다.

누가 한 것을 보고 그것을 따라하기는 참으로 쉽다. 이에 관한 유명한 예가 바로 '콜럼버스의 달걀'이다. 그러나 이 말의 뜻을 십분 음미하려면 콜럼버스가 애초부터 '인도로 나가는 모험 사업'의 비용을 조달하기 위해 얼마나 악전고투했는가를 되새겨 볼 필요가 있다.

그는 여러 해 동안 유럽 여러 나라의 지배자들을 찾아가 인도 항해의 필요성을 설명하며 선대(船隊)와 식료·장비의 지원을 호소했지만 효과가 없었다. 스페인왕 페르디난드와 그의 아내 이사벨은 관심을 보였지만 그때 마침 전쟁이 발발해 그들의 관심은 그쪽으로 옮겨갔다. 그러나 콜럼버스는 그들의 조력을 얻기 위해 6년 이상 스페인에 머물렀다. 그 사이 그는 심한 고생, 빈곤, 게다가 비웃음까지 감내해야만 했다. 세 번이나 왕과 여왕을 만나 거의 설득이 된 단계에까지 이르렀으나 매번 최후의 순간에 무슨 일이 터져 그들은 손을 뗐다.

모든 희망을 포기하고, 이제 스페인을 영구히 떠나려고 결심해 출발 준비를 하고 있을 때, 여왕이 그의 제안을 더 자세히 듣고 싶어 한다는 연락을 받았다. 콜럼버스는 즉시 여왕을 배알해 자신이 하고자 하는 것이 무엇이며, 그러기 위해서 무엇이 필요한가를 설명했다. 여왕은 탐험 준비를 차질 없이 갖추라고 명령했으므로 그는 눈물이 쏟아질 정도로 기뻤다. 그리하여 1492년 8월 3일, 콜럼버스와 그의 선대는 '서쪽의 육지'를 찾아 아직 해도(海圖)에는 기록되어 있지 않은 대양을 향해 출발했다.

콜럼버스, 달걀을 세우다

콜럼버스의 항해는 대성공을 거두어, 귀국하자 열렬한 환영을 받았다. 가는 곳마다 그는 국민적 영웅으로 갈채를 받았다.

왕과 여왕은 바로셀로나 궁전에서 그를 맞이했는데, 모두가 환영 의식을 잘 볼 수 있도록 정원에 마련된 옥좌에 앉았다. 왕후, 귀족, 성직자가 모두 열석했다. 콜럼버스가 그들 앞에 무릎을 꿇으려고 하자 왕은 그에게 그렇게까지 할 필요가 없다고 제지하며 자리에 앉으라고 명령했다. 이는 거드름을 피우며 교만하기 그지없는 궁실로서는 파격의 명예였다.

국왕의 첫째 신하이며 교회의 수장인 스페인의 추기경이 콜럼버스의 성공을 축하하는 연회를 마련했다. 이 연회에는 많은 부호와 대지주, 훌륭한 가문의 정신(廷臣), 고위 성직자들이 참석했다. 그중에는 "한낱 외국인이 그토록 많은 명예와 그토록 많은 영광을 스페인 왕국뿐만 아니라 세계 여러 나라로부터 받는 것을 도저히 배가 아파 견딜 수 없어 하는 사람들도 다수 있었다."

이야기의 주제는 당시의 토픽, 인도 제도에 관한 것이었다. 어느 한 참석자는 콜럼버스의 빛나는 성과를 깔아뭉개려고 다음과 같이 말했다.

> "크리스토퍼 씨. 설사 당신이 인도 제도를 발견하지 않았더라도 우리나라 스페인의 누군가가 반드시 당신과 마찬가지로 발견했을 것입니다. 우리나라에는 세계 지리와 문학에 통달한 인물이 많으니까 하는 말이외다."

콜럼버스는 그에게 대답하지 않고, 달걀을 한 알 가져오게 한 뒤 손에 들고는 말했다.

콜럼버스와 달걀

"신사 여러분, 나는 한 가지 내기를 제안하겠습니다. 누구든 상관없습니다. 이 달걀을 아무것도 사용하지 않고 세워 보십시요. 틀림없이 여러분들은 누구 한 사람도 세우지 못할 것입니다. 그러나 나는 세울 수 있습니다."

모두 차례로 나와 시도해 보았지만 역시 한 사람도 세우지 못했다. 끝으로 콜럼버스 차례가 되었다. 그러자 그는 달걀 '한쪽 끝을 테이블에 살짝 부딪쳐 약간 파인 쪽을 밑으로 해서 세웠다. 내객들은 그것을 보고는 그가 무슨 말을 하고 싶었던가를 알아챘다. 그것은 행동을 본 연후에는 누구나 어떻게 하면 되는가를 알게 된다는 뜻이었다. 즉, 그런 말을 하려면 그들이 먼저 인도 제도를 발견했으면 되었을 것이고, 가장 먼저 그곳을 찾아가려고 한 그를 조소할 처지가 아님에도 실제로 그들은 오래도록 그것을 불가능한 것이라고 비웃고, 어처구니없어 했다는 뜻이었다.

브루넬레스키와 달걀

이 이야기가 최초로 인쇄물에 실린 것은 1565년에 이탈리아의 탐험가 지롤라모 벤조니(Girolamo Benzoni, 1519~1572)가 쓴 『신세계의 역사(*Historia del Mondo Nuovo*)』에서 비롯되는 듯하다. 그러나 그보다 15년 전인 1550년에 역시 이탈리아의 화가·건축가 조르지오 바자리(Giorgio Vasari, 1511~1574)가 비슷한 이야기를 어느 건축가와 관련시켜 이야기한 적이 있다.

13세기 말경 피렌체의 교회 지도자들이 번영하는 도시에 어울리는 대사원을 건설하기로 결정하고 1296년에 공사를 시작했지만 1세기 이상이 지나도 건축은 완성되지 못했다. 최초의 건축가는 광대한 공간에 돔 또는 큐폴라(cupola: 작은 건물의 둥근 지붕)라는 곡선 지붕을 설계했다. 그러나 그는 자신의 방법을 누구에게도 전하지 못하고 돔이 건설되기 전에 죽었다. 다음 1세기 동안 그 돔을 건조하는 방법이 반복적으로 연구되었으나 하나도 성공하지 못했다.

1407년이 되어 당국은 대사원을 완성하기 위해 모든 노력을 다하기로 결정하고, 공사 관계자 회의를 소집했다. 이 회의에는 여러 나라의 건축가들이 참석해 돔을 완성하기 위한 방법이 오래도록 논의되었다.

필리포 브루넬레스키(Filippo Brunellesch, 1377~1446)라는 젊은 이탈리아 건축가는 이전부터 이 문제를 연구해 왔다. 그는 설계도를 작성하고, 모형까지 만들어 큰 돔을 분명히 만들 수 있다는 것을 확신했다. 그러나 많은 유명 건축가들도 성공하지 못한 연후이므로 무명의 그가 성공할 것이라는 믿음을 주기는 쉽지 않았다.

브루넬레스키는 그 모임에 참석은 했지만 자신의 방법을 바로 설명하거나 설계도나 모형을 보이지는 않았다. 왜냐하면, '그는 자기에 대해 질투와 불신이 팽배하다는 것을 충분히 의식하고 있었으므로 자신의 발명을 다른 건축가들에게 나누어 주기 싫었고, 공사를 맡겨 주지 않는 한 비밀을 누설하지 않기로 결심했기' 때문이다.

건축 청부업자와 다른 건축가 대부분은 그 공사를 브루넬레스키에게 맡기는 것을 강력하게 반대하며, 그 전에 자기들이 그의 방법을 철저하게 조사하고, 설계도를 살펴봐야 한다고 주장했다. 그때 브루넬레스키는 다음과 같은 방법으로 그들을 물리칠 궁리를 했다.

"그곳에 모여 있는 모든 청부업자와 그 나라 사람들에게 다음과 같이 제안했다. 평탄한 대리석 위에 달걀을 똑바로 세울 수 있는 사람이 돔 건설 공사를 맡아야 한다. 왜냐하면 달걀을 세움으로써 그 사람의 재능을 알 수 있기 때문이다. 그래서 그들은 달걀을 한 알 가져와 한 사람 한 사람 차례로 나가 필사적으로 세우려 했으나 모두 실패했다. 모두 세우지 못하자 말을 꺼낸 사람이 해 보라는 소리가 여기저기서 터져 나왔다. 이때 브루넬레스키는 달걀을 손에 살며시 잡고 한 끝을 대리석에 부딪친 후에 똑바로 세웠다. 그것을 보고 예술가들은 그렇게 세운다면 누군들 못하겠느냐고 큰 소리로 항의했다. 그러자 브루넬레스키는 웃으면서 대답했다. '내가 돔을 만드는 방법을 여러분에게 보여드린 후라면 틀림없이 여러분도 그건 나도 할 수 있을 것이라고 말씀하셨을 것입니다.'"

바자리는 브루넬레스키가 공사를 맡고 나서 약 130년 후에 이 이야기를 썼다. 달걀 이야기가 이보다 앞서 나온 것은 없는 것 같다. 어떤 일화를 한 유명한 인물에서 다른 인물로 옮기는 예는 그리 희귀한 일이 아니다. 따라서 벤조니가 브루넬레스키에 관한 일화를 적당히 가필해 콜럼버스에게 옮겼을 가능성을 부정할 수는 없다. 물론 바자리 자신이 그것을 누군가로부터 들었을 가능성도 있다. 어찌 되었든 브루넬레스키가 건설 공사를 맡아 훌륭하게 완성했음은 의심할 바 없다.

콜럼버스의 달걀 이야기는 과학에 관한 발견이 겉보기 정도로 간단한 것이 아니라는 것을 상기시키는 좋은 사례로, 과학 논문에서도 가끔 인용된다. 과학사에는 사고나 우연의 결과로밖에 생각되지 않는 발견 사례가 많다. 그러나 발견의 경위나 발견자의 배경을 자세하게 조사해 보면 찾아온 우연의 기회를 효과적으로 이용한 사람은 별로 많지 않았다는 것이 분명하다. 루이 파스퇴르(Louis Pasteur, 1822~1895)가 말했듯이 "기회는 준비된 사람에게만 베풀어진다"는 말, 그대로이다.

각기병으로 죽은 25명의 장병

비타민 B_1의 발견자 스즈키 우메타로

빵을 주식으로 바꾼 군함

1883년 9월 12일, 일본 도쿄(東京) 시나가와(品川) 항의 잔교(棧橋)에는 비통한 표정으로 사람들이 속속 모여들었다.

얼마 지나지 않자 세 개의 돛대(mast)가 높이 솟은 군함 류쇼(龍驤)가 조용히 안벽(岸壁)에 닿았다. 몇 사람이 함정에 오르내리더니 이윽고 함장을 선두로 흰 천으로 싼 유골함을 가슴에 안은 사람들이 내리기 시작했다.

"하나, 둘, 셋……."

"아니 25명이나 죽었다는 말인가!"

유족들 사이에서 탄식하는 소리와 흐느끼는 울음소리가 높아지기 시작했다. 이어서 중환자들을 나르는 들것이 열을 지어 내리고, 그 뒤에는 모포를 두른 경환자들이 조심스러운 걸음으로 따라 내렸다.

도대체 무슨 일이 있었던 것일까.

이 함정은 지난해, 그러니까 1882년 12월 해군병학교(海軍兵學校)를 갓 졸업한 젊은 사관후보생 28명을 포함한 총 371명의 장병을 태우고 원양 항해에 나섰다. 그런데 몹쓸 무슨 전염병이라도 발생했던 것일까? 그러나 전염은 아닌 각기병 때문이었다. 승무원의 절반에 가까운 169명이 각기병에 걸려 25명의 젊은 생명이 유명을 달리한 것이다.

오늘날에 이르러서는 조금도 무섭지 않은 병일 뿐만 아니라 아예 이 병에 걸리는 사람도 발생하지 않는 상태이지만 당시에는 발병의 원인도 모른 채 많은 사람의 목숨을 앗아가는 병이었다.

시골에서 도시로 옮겨 온 사람들이 많이 걸린다 해서 일명 에도(江戸)병, 우리나라로 말한다면 '서울병'으로 통칭되기도 했었다. 아무튼 한 함정 안에서 단 9개월 사이에 무려 25명이나 사망했다니 일본 전국이 들썩거릴 정도로 충격이 컸다.

군의 의무 업무를 총괄하는 다카키(高木) 군의총감의 지휘 아래 즉시 원인 조사가 시작되었다. 각기병 환자가 별로 발생하지 않는 외국의 함정과 일본 함정 안의 생활 차이를 상세하게 조사한 결과 일본 함정에서는 쌀을 주식(主食)으로 하고 외국 함정에서는 빵을 주식으로 하는 것 외에는 어떤 차이도 발견되지 않았다.

"그렇다면 우리도 주식을 빵으로 바꾸자!"

"충성스러운 황국신민으로서, 빵과 고기로 참고 견디자"라는 결론이 내려져 각기병 발생률은 크게 줄어들기 시작했다. 그렇다면 흰쌀밥과 각기병은 어떠한 관계가 있는 것일까? 이것이 확실하게 밝혀지기까지에는 그 후 20년이란 세월이 더 필요했다.

동원숙의 '수재 스즈키'

그 무렵, 일본 시즈오카(静岡) 현 엔슈나다(遠州灘)란 곳에 한 개구쟁이 소년이 있었다. 그의 이름은 스즈키 우메타로(鈴木梅太郎, 1874~1943)로, 1874년 4월 7일 출생한 그에게 그의 아버지는 마을의 주산물인 매실이 익어갈 무렵에 태어났으므로 우메(梅)타로란 이름을 지어 주었다.

이 소년은 어릴 적부터 호기심이 강한 아이였다. 쌀벌레가 기운차게 자리를 차고 벌떡 일어나는 것이 재미있어, 아버지로부터 '너 또 거기에 정신이 팔려 있냐!'라는 꾸지람을 들었다고 한다.

당시 초등학교 입학 정년은 6세였으나 교장 선생이 자격이 있다고 인정하면 당겨서도 입학할 수 있어, 우메타로는 5세에 초등학교에 입학했다.

일본 군함 류쇼의 각기병 사건이 발생했을 무렵에는 초등학교 4학년이었다.

우메타로와 각기를 연결하는 운명의 실은 우연히 맺어졌다. 류쇼에서 각기병에 걸린 한 사관(士官)이 우메타로가 거주하는 마을에서 16킬로미터 정도 떨어진 가와사키(川崎)란 곳 출신이었다. 이 사관은 요양을 위해 고향으로 돌아와 동원숙(東遠塾)이라는 사설 글방을 열었다.

영어를 잘하는 해군병학교 출신이 글방을 열었다는 소문을 듣고 우메타로는 안달이 나서 견디지 못할 정도였다. 당시 일본은, 일반 백성의 자식이 학문을 하는 것은 신분에 맞지 않는다고 생각했던 시대였으므로 아버지의 허락을 받기가 쉽지 않을 것이라고 예상했기 때문이다. 거의 뜬눈으로 하룻밤을 새운 우메타로는 먼저 형에게 속마음을 털어놓았다.

"그래, 우리집 식구는 장남인 내가 맡을 테니 너는 학문에 정진하거라."

형은 군말 없이 찬성해 주었다. 그리하여 둘이 아버지에게 허락을 받으러 가자 뜻밖에도 아버지 역시 쉽게 허락했다.

동원숙에 들어간 우메타로는 얼마 지나지 않아 '수재 스즈키'로 불릴 정도로 공부를 잘했다. 때로는 몸이 약한 숙두 선생(숙의 우두머리 선생)의 대리역도 맡아 할 정도였다.

그러나 애석하게도 이 동원숙이 문을 닫아야 할 날이 왔다. 숙두 선생이 각기병에 걸려 입원을 하지 않으면 아니 되었기 때문이다. 어쩔 수 없이 우메타로는 집으로 돌아왔다. 그러자 뜻밖에도 그가 졸업한 초등학교의 임시 선생 자리가 기다리고 있었다. 그는 14세, 월급 1엔(円) 50센(錢)의 선생이 되었다.

도쿄로 가자!

"남을 가르치기보다는 내 자신 가르침을 받고 싶다"는 염원이 늘 떠나지 않았다. 그러던 어느 날, 종형인 시노다 지사쿠(篠田治策)를 만난 우메타로는 도쿄로 가서 공부를 하고 싶다는 심정을 털어놓았다.

"오! 우메타로. 너도 그런 생각이란 말이냐?"

두 살 연상인 지사쿠는 놀라는 모습이었다. 그는 가출해 상경할 준비를 하고 있다는 사실도 밝혔다.

"뭐? 가출!"

"그래, 어쩔 수 없어. 출세한 후에 열 배, 백 배 효도하면 되니까."

"알았어, 나도 갈 거야."

이렇게 해서 어느 날 새벽, 두 사람은 아직 잠들어 있는 부모, 형제들에게 마음속으로 용서를 빌며 도쿄로 떠났다. 두 사람은 같은 하숙에 살며 신문 배달 등, 주경야독하면서 입시를 위해 공부를 계속했다.

그러나 짓궂게도 또다시 각기가 우메타로 앞에 모습을 드러냈다. 지사쿠가 각기병에 걸려 고향으로 돌아가지 않을 수 없게 되었다. 역에 나가 지사쿠를 송별하는 우메타로의 심정은 먹구름에 가려진 하늘처럼 어두웠다.

같은 하숙집에서 같은 식사를 했는데 어찌하여 지사쿠만 각기에 걸렸다는 말인가. 우메타로는 곰곰이 생각해 보았다. 다른 점이 있었다면 가난한 우메타로는 대중식당에서 보리밥으로 점심을 먹었고 지사쿠는 늘 쌀밥을 먹었다. 그러나 그 당시 우메타로는 더 이상은 생각하지 못했다.

다음 해, 우메타로는 농업학교에 입학하고, 농업학교를 졸업한 뒤에는 농대의 대학원까지 진학해서 1901년에는 농학박사 학위까지 받아, 화학의 선진국인 독일로 유학하게 되었다. 특히 행운이었던 것은 1902년 노벨화학상을 수상한 헤르만 에밀 피셔(Hermann Emil Fischer, 1852~1919)가 주임교수였던 점이다.

피셔는 그의 단백질 연구에 우메타로를 끼워 주었다. 우메타로의 재능을 인정했던 것이다. 4년 반의 유학 후, 러일전쟁으로 뒤숭숭한 일본으로 돌아오게 되었다.

"조국으로 돌아가면 쌀의 단백질 연구를 해서 국민 체육 향상에 기여하겠다"는 결심을 다지면서 애석해 하는 피셔 교수의 연구실을 떠났다.

각기와 비타민 B_1

일본에 돌아온 우메타로는 백미와 쌀겨에 함유된 단백질의 차이부터 연구하기 시작했다. 그 연구 과정에서 현미와 물로 기른 비둘기는 건강한데 비해 백미와 물로 기른 비둘기는 점차 쇠약해지다가 죽음에 이르는 사실을 알게 되었다. 그 비둘기는 먼저 체중이 줄기 시작하고, 절름거리며 걷다가 마침내는 목을 뒤로 비틀어 웅크린 채 곧 죽었다.

우메타로는 조류의 이와 같은 증상은 어디에선가 읽은 적이 있었던 것 같아 여러 연구자의 보고서들을 검색해 보았다. 그 결과 네덜란드 학자의 보고서를 발견했다. 그것은 닭의 각기 증상이었다.

백미와 각기! 우메타로는 지난날 지사쿠와 헤어지던 기억이 새삼 떠올랐다.

"그래, 쌀겨에는 각기를 막는 성분이 틀림없이 있을 거야!"

스즈키연구실에서는 쌀겨를 알코올로 처리한 다음, 녹은 성분을 조사하는 연구를 시작했다. 그리하여 1909년, 많은 양의 쌀겨에서 드디어 비둘기의 각기를 치료하는 소량의 물질을 얻었다.

우메타로는 쌀의 학명(學名)을 따서 그 물질을 오리자닌(oryzanine)이라 명명해 도쿄화학회에 보고했다. 그 물질이야말로 각기를 무서운 병에서 맥 못 추는 병으로 밀쳐 낸 비타민 B_1이었다.

우메타로가 오리자닌을 순수한 결정으로 얻어 내기 위해 열중하다 보니 세계에 발표하는 것이 늦어졌다. 그 사이 네덜란드의 에이크만(Christiaan Eijkman, 1858~1930)과 영국의 홉킨스(Sir Frederick Gowland Hopkins, 1861~1947)가 우메타로보다 1년 늦게 발견했음에도 불구하고 각기병을 치료할 방법을 찾아

낸 공적으로 1929년에 공동으로 노벨 생리 · 의학상을 수상했다. 일본 학자들은 이를 두고 몹시 아쉬워들 했다.

1912년, 이 새롭게 등장한 성분에 폴란드의 생화학자 카시미르 풍크(Casimir Funk, 1884~1967)는 비타민(vitamine)이라는 이름을 붙였다.

노벨상과 다이너마이트

노벨 일가의 불굴의 정신

위험한 니트로글리세린

프로판가스는 가스렌지의 노즐에서 하늘빛 불꽃을 피우며 소리 없이 불탄다. 이는 노즐에서 가스와 공기가 자연스럽게 혼합되어 불타기 때문이다. 같은 프로판가스일지라도 실내에 새어나와 공기와 섞여 있을 때, 무슨 불이라도 붙이면 전체가 한꺼번에 불타 폭발하게 된다.

공기가 존재하는 곳에서 탄가루에 불을 붙여도 좀체로 잘 타지 않는다. 하지만 공기 대신에 산소를 공급해 주는 질석(saltpeter)가루와 혼합하면 선향(線香) 불꽃이 되어 딱딱 소리를 내며 잘 탄다. 탄가루와 황, 질석가루를 알맞은 비율로 섞으면 흑색화약(black powder)이 되어 '꽝!' 하며 터진다. 1866년에 프랑스 군함이 강화도에 와서 쏜 대포도 아마 이 흑색화약을 사용했을 것이다.

타는 물질과 태우는 역할을 하는, 산소를 배출하는 물질이 잘 혼합되어 있어 전체가 한꺼번에 불타 폭발한다고 하면, 한 물질 속에 타는 물질과 산소를 배출하는 물질을 함께 간직한 물질이 있다면 그것은 더욱 격렬하게 폭발할 것으로 예상된다. 그러한 물질이 실제로 존재할까? 물론 있다.

현재 사용되고 있는 강력한 폭발물인 TNT와 피크르산(picric acid) 등이 그러한 화합물이다. 타는 물질은 탄소와 수소로 어우러져 있고, 산소를 배출하는 물질은 니트로기(nitro基)라 하여, 질소와 산소로 어우러져 있다.

그러므로 앞에 니트로라는 이름이 붙은 물질들은 대부분 폭발한다. 예를 들면, 니트로글리세린(nitroglycerine), 니트로셀룰로오스(nitrocellulose), 트리니트로톨루엔(trinitrotoluene, TNT), 트리니트로페놀(trinitrophenol) 등은 모두 강력한 화약이다. 우리가 애용하는 설탕도 니트로화하면 니트로슈거(nitrosugars)가 되어 폭발한다.

1847년, 이탈리아 토리노 대학의 아스카니오 소브레로(Ascanio Sobrero, 1812~1888)라는 사람이 앞에서 예로 든 물질 중의 하나인 니트로글리세린을 만들어 그 위력적인 폭발성을 알았다. 글리세린은 화장품에도 들어가고 치약에도 들어 있는 무색의 점액이다.

이 글리세린을 질산(nitric acid)과 황산(sulfuric acid)으로 반응시키면 니트로글리세린이 된다. 니트로글리세린도 보기에는 글리세린과 같은 무색의 액상으로 되어 있다. 그러나 때로는 들어 있는 병이 흔들리기만 해도 폭발하는 민감한 폭발물이다.

강력한 폭발물은 군(軍)에서뿐만 아니라 광산과 토목공사 현장에서도 크게 필요하다. 그러므로 발명자 소브레로의 경고에도 불구하고 니트로글리세린은 많은 용도에 사용되어 사고도 자주 발생했다.

화약공장을 세운 노벨

알프레드 노벨(Alfred Bernhard Nobel, 1833~1896)은 스웨덴 스톡홀름에서 태어났다. 아버지는 에마누엘이라 하여, 화약과 관계가 있는 일을 하고 있었다. 알프레드가 아홉 살 때 아버지가 발명한 수뢰(水雷, torpedo)의 특허가 러시아에 팔려, 그 제조 공장을 짓기 위해 페테르부르크(한때 레닌그라드)로 간 아버지를 따라가 살았다.

알프레드 노벨

알프레드는 남자 4형제 중의 셋째였다. 이 형제들이 힘을 뭉쳐 큰 사업을 일으켰지만 어릴 때의 알프레드는 병약자였다. 그러나 아버지는 알프레드를 과학자로 키우려고 교육시켰다. 17세 때는 미국까지 보내어 교육시켰다.

그러나 유학 간 청년 알프레드는 과학에 관한 공부보다는 문학에 더 심취했다. 영국 박애주의의 낭만파 시인 퍼시 셸리(Percy Bysshe Shelley, 1792~1822)에 심취해 자신도 시를 짓거나 소설을 쓰기도 했다. 노벨상에 문학상과 평화상이 포함되어 있는 것도 그의 청년기 취향이 반영되어서인지 모른다.

어떻든, 21세가 된 알프레드는 스웨덴어는 물론, 러시아어, 영어, 프랑스어, 독일어를 막힘 없이 구사할 수 있었다고 하므로 그 공부열이 대단했다고 생각된다. 이와 같이 뛰어난 언어 구사 능력이 나중에 국제적인 업무를 잘 성공시킨 요인의 하나였을 것이다.

알프레드가 26세 때, 그의 일가는 스웨덴으로 돌아와 니트로글리세린 공장을 세웠다. 그리고 알프레드는 니트로글리세린과 흑색화약을 혼합한 '슈프렝겔(Sprengel)'이라는 새로운 화약을 만들기도 하고, 뇌관(雷管, detonator)을 발명하기도 해서 화약공업으로 발전시켰다.

1859년, 노벨 집안은 큰 비극에 부닥쳤다. 공장이 대폭발해 동생인 오스카가 사망하고 아버지는 뇌졸중으로 쓰러져 장애인이 되었다. 엎친 데 덮친 격으로 스웨덴 정부는 사고의 재발을 막는다는 이유로 공장의 재건마저 허가하지 않았다.

이때부터 31세의 알프레드를 중심으로 한 일가의 불굴의 투혼이 발휘되기 시작했다. 비극을 극복하고 독일에 공장을 세워 재출발했다.

그리고 3년 후에는 다이너마이트를 발명해 여러 나라에 공장을 세우고, 다시 수년 후에는 영국과 독일의 공장을 합병해 노벨 다이너마이트 트러스트(Nobel Dynamite Trust)라는 연합 조직을 만들었다.

두 형제는 바쿠(Baku) 유전 개발에도 손을 뻗어, 1878년 세계 최초의 유조선 '조로아스터 호'를 만들고, 석유를 운반해 세계 최대급의 부자가 되었다.

다이너마이트의 발명

이렇게, 세계가 알아 주는 부자가 된 노벨 일가를 더더욱 큰 부자로 키워 준 것이 바로 다이너마이트(dynamite)였다. 다이너마이트 발견에는 몇 가지 에피소드가 있을 뿐, 그 참된 내용은 명확히 알 수 없다.

위험한 물질인 니트로글레세린을 운반할 때는 충격을 주지 않기 위해 용기 주위에 톱밥 같은 것을 채워서 나른다. 어느 날, 톱밥 대신에 규조토를 사용했더니 넘쳐 흐른 니트로글레세린이 몽땅 규조토에 흡수된 것을 보았다. 그래서 바로 '이거다!'라고 생각한 이후부터 규조토를 사용하게 되었다는 이야기가 있다.

그러나 노벨 자신은 그것이 우연이 아니라 이전부터 니트로글리세린을 흡수시키는 물질을 찾기 위해 많은 실험을 했다는 이야기도 있다.

어쨌든, 니트로글리세린을 규조토에 흡수시키면 안전하게 운반하기 쉬울 뿐만 아니라 폭발력도 줄어들지 않는 고체로 만들 수 있다는 것을 알아, 이를 '다이너마이트'로 명명해 특허를 받았다.

규조토(硅藻土, diatomaceous earth)는 아득한 옛날, 바다 속에 침전한 규조라는 작은 생물의 사체가 굳어져 만들어진 것이다. 규조는 딱딱한 껍질을 갖고 있는 생물이므로 사체는 그 껍질의 덩어리이다. 그러므로 속은 텅 빈 다공질(多孔質)이어서, 그 틈에 규조토 자신의 무게보다 몇 배나 무거운 니트로글리세린을 흡수한다.

또 다음과 같은 에피소드도 있다. 언젠가 노벨은 실험 중에 손가락을 다친 적이 있었다. 그 상처에 물반창고를 발랐더니 니트로글리세린과 물반창고가 접촉해 젤리 상태의 물질이 생겼다. 직감이 날카로운 노벨은 바로 그 이용을 생각했다. 즉, 물반창고의 성분인 니트로셀룰로오스와 니트로글리세린을 이겨 섞어 보았다. 그러자 안정되고 다이너마이트보다 더 강력한 폭발물이 되는 것을 알았다.

노벨은 그것을 '젤라틴 다이너마이트(gelatin dynamite)'란 이름으로 등록해 특허를 받았다. 우리나라는 물론, 세계 대부분의 나라는 지금도 이 젤라틴 다이너마이트를 사용하고 있다. 노벨의 사업은 이 젤라틴 다이너마이트에서부터 더욱 부쩍 발전했다.

노벨의 유언과 노벨상

노벨은 다이너마이트를 발명해 엄청난 부자가 되었지만 처자도 없이, 친형제와도 사별하고 혼자 적적하게 살다가 1896년에 63년의 생애를 마감했다. 그가 임종에 앞서 남긴 유언에 따라, 1901년부터 시작한 국제상이 노벨상이다.

그는 유언에서, 자기 재산으로 기금을 설립해 전 재산의 94퍼센트를 은행에 넣고 그 이자로 매년 그 전 해에 인류를 위해 가장 큰 공헌을 한 사람에게 상으로 수여하라고 했다.

좀 더 구체적으로 소개하면, 그 이자는 5등분해 물리학 분야에서 가장 중요한 발견 내지 발명을 한 사람, 화학 분야에서 가장 중요한 발견 내지 개발을 한 사람, 생리학 내지 의학 분야에서 가장 중요한 발견을 한 사람, 문학 분야에서 이상주의적인 가장 뛰어난 작품을 쓴 사람, 국제 간의 우호와 군대의 폐지 내지 삭감, 평화회의의 개최 내지 추진을 위해 가장 크게 공헌한 사람 등, 5개 부문에 수여하는 것으로 했으며, 1969년부터는 경제학상이 신설되었다.

또 수상자 발표는 물리학상과 화학상은 스웨덴의 한림원이, 생리·의학상은 스톡홀름의 캐롤린스카연구소(Karolinska Institutet)가, 문학상은 스톡홀름 아카데미가, 평화상은 노르웨이 최고의회에서 선출하는 5인 위원회가 담당한다. 그리고 경제학상은 스웨덴의 과학아카데미가 결정한다.

노벨상은 세계 최고의 영예로운 상으로, 젊은 과학자들의 의욕을 북돋우어 주고 있다. 그리고 노벨의 이름은 1957년에 발견된 새로운 원소 노벨륨(nobelium)에 붙여져 인류 역사에 영원히 남게 되었다.

모든 물질은 원자로 구성되어 있다

색맹의 화학자 돌턴

시계보다도 정확한 관측자 돌턴

"아니, 우물쭈물하는 사이에 벌써 열두 시가 되었군. 돌턴 선생이 온도를 조사하러 나온 걸 보면……."

맨체스터의 문학과학협회 건물 맞은편 집 여주인이 밖을 내다보며 혼자 중얼거렸다. 돌턴 선생의 규칙적인 생활은 시계보다도 정확했기 때문이다. 그 근방에 사는 사람들도 모두 그렇게 생각했었다.

8시에 기상해서 실험실에 불을 피운다. 그리고 아침 식사, 식사가 끝나면 퀘이커(Quaker) 교도 특유의 반바지와 긴 양말을 착용하고 실험실에 틀어박힌다. 오후 1시에 점심 식사, 3시에 차, 밤 9시에 저녁 식사, 그리고 11시부터 1시간 혼자 깊은 명상에 잠겼다가, 불이 꺼졌는가 살펴보고는 잠자리에 들었다. 이 사이, 일정 시간마다 기상 관측을 했다.

1주일 간의 스케줄로는 목요일 오후에 구슬 굴리기 게임, 일요일에는 검소하지만 고급 천으로 만든 양복을 입고 교회 예배에 참석했다.

한평생 결혼하지 않고 독신으로 지낸 돌턴의 생활은 이처럼 판에 박은 듯이 정확하고 규칙적이었다. 21세에 시작한 기상 관측은 죽는 전날까지 57년 간이나 하루도 거르지 않고 계속되어, 날짜 수로 환산하면 20만 회를 넘었다고 한다.

돌턴이 죽기 전날 밤, 9시의 관측 기록 비교란에는 "오늘 약간의 비"라고 적혀 있었다. 그것이 이 위대한 화학자가 최후에 남긴 글이었다. 다음 날 아침, 머슴인 피터가 발견했을 때 돌턴은 혼자 조용히, 아니 영원히 잠들어 있었다.

과학을 사랑한 소년 존

이 엄격하고 꼼꼼한 화학자 존 돌턴(John Dolton, 1766~1844)은 1766년 9월, 잉글랜드 컴벌랜드(Cumberland) 주 이글스필드(Eaglesfield)라는 작은 마을에서 태어났다. 어버지는 농사일에 틈이 나면 직물일도 했다. 어머니는 머리가 매우 총명하고 남에게 지기 싫어하는 기질이었다.

아마도 존의 뛰어난 소질은 그의 어머니로부터 유래된 것으로 보인다. 그러나 존 소년을 실제로 교육한 사람은 기상 관

존 돌턴

측과 기계 만지기를 즐기는 사촌형 로빈슨이었다.

존 소년은 공부의 습득 속도가 매우 빨라 12세 때는 벌써 스스로 서당식 학교를 열어 자기보다 연상의 학생들을 가르쳤고, 때로는 선생과 학생이 견해 차이로 맞붙어 다투기도 했다고 한다.

1700년대는 영국으로서는 산업 혁명의 시대여서 활기가 넘쳐흘렀다. 즉, 기계기술자 제임스 와트(James Watt, 1736~1819)가 증기기관을 발명하고, 그 덕으로 공업이 크게 발전한 시대였다. 이처럼 활기 넘치는 세상에서 학문을 탐하는 존 소년이 아버지의 일이나 거들면서 만족할 리 없었다.

2년 정도에서 서당식 학교를 그만두자 켄달(Kendall) 시로 나왔다. 그 무렵에는 아직 신사의 소지품이었던 양산을 갖고 70킬로미터에 이르는 먼 길을 뚜벅뚜벅 걸어갔다. 켄달 시에서 그는 어느 학교의 조수가 되었고, 4년 후에는 교장 자리에까지 올랐다.

그리고 그 사이 그리스어와 프랑스어, 물리와 수학까지 공부해 27세 때는 공업의 중심도시인 맨체스터(Manchester)로 옮겨, 그곳 대학의 교수가 되었다. 그러나 오래 지나지 않아 대학을 그만두고 수학, 물리, 화학 등의 개인 교수로서 생계를 유지하며 연구에 전념하게 되었다.

돌턴이 세상에 인정을 받게 된 것은 21세 무렵이었다. 그 무렵 『신사의 일기』라는 잡지가 발행되어, 매호(每號)마다 수학과 과학 문제를 현상 모집했었다. 돌턴은 자주 그에 응모해 번번이 톱으로 입선했다.

모든 물질은 원자로 구성되어 있다

돌턴은 많은 연구를 했지만 그중에서도 그의 이름을 화학사에 남긴 것은 '원자론'이었다.

모든 물질은 원자(atom)라는 작은 입자의 집합으로 구성되었을 것이라는 아이디어는 먼 그리스 시대부터 존재했었다. 유명한 과학자 아이작 뉴턴(Isaac Newton, 1642~1727)도 그런 생각을 했었다. 그러나 그리스 시대의 아이디어나 뉴턴이나 모두 머리 속의 상상이었을 뿐이다.

하지만 돌턴은 실험을 통한 사실의 바탕 위에서 내린 결론이었다. 그래서 돌턴을 '원자설의 아버지'라고도 한다. 그러면 돌턴은 어떠한 실험으로 원자설을 생각하게 되었는가? 지금 하나의 예를 들어 설명하겠다.

마그네슘 불꽃에 불을 붙이면 눈부신 빛과 함께 흰 연기가 솟아오른다. 그 흰 연기는 마그네슘과 공기 중의 산소가 화합해서 산화 마그네슘이라는 물질이 생기기 때문이다. 불타기 전의 마그네슘 무게를 기록해 두고, 불탄 뒤에 생긴 흰 가루를 모두 모아 무게를 알아보자.

실제로는 불꽃처럼 공기 중에서 불탄 것에서는 연기를 모을 수 없으므로 연기가 달아나지 못하게 어떤 그릇 속에서 연소시켜야 할 것이다.

그것을 조사해 보면 마그네슘을 아무리 사용해도 마그네슘과 연소된 뒤에 생기는 흰 연기의 무게 비율은 같다는 것을 알 수 있다. 흰 가루의 무게에서 태우기 전의 마그네슘의 무게를 제한 것이 연소에 사용된 산소의 무게이다. 그러므로 마그네슘과 그것이 연소될 때 화합한 산소의 무게 비율도 일정하다고 할 수 있다. 이와 같은 관계를 '정비례의 법칙'이라 한다.

그러면, 왜 처음에 사용하는 마그네슘의 무게를 여러 가지로 바꾸어도 그것과 결합하는 산소의 무게 비율은 항상 같을까?

돌턴은 깊이 생각했다. 만약 마그네슘의 가장 작은 단편과 산소의 단편이 그림 A와 그림 B처럼 크기가 제각각이라고 한다면 끌어모았을 때의 마그네슘과 산소의 무게 비율은 그림 A와 그림 B의 차이처럼 때에 따라 다를 것이다. 그러므로 마그네슘도 산소도 가장 작은 단편은 같은 크기와, 같은 무게의 입자로 구성되어 있다고 생각하게 되면 그림 C처럼 마그네슘과 산소의 무게 비율도 항상 같다는 것이 당연하다.

돌턴은 또 이 밖의 다른 실험을 통해서도 마찬가지로 "모든 물질은 그 물질 특유의 크기와 무게를 가진 같은 성질의 작은 입자로 구성되어 있다. 그것이 원자이다"라는 결론을 내렸다.

200여 년이 지난 오늘날에 이르러서는 원자폭탄이라든가 원자력 발전 등, 원자에 관한 이론이 당연한 것으로 인식되고 있다.

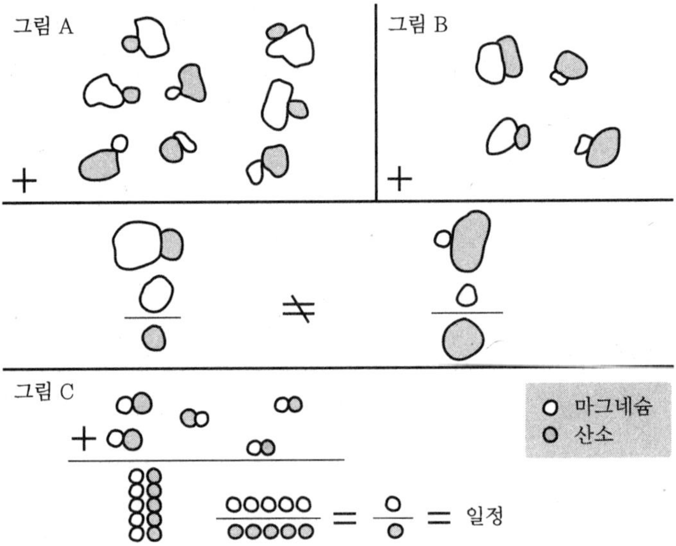

색맹에 관한 연구

돌턴이 연구한 것 중에는 이색적인 것이 하나 있다. 그것은 바로 색맹(色盲)에 관한 연구이다.

돌턴은 26세 때의 어느 날, 자기 자신에 관해 큰 발견을 했다. 그날은 어머니의 생일날이었으므로 선물로 청갈색의 양말을 구입했다. 하지만 그 선물은 받은 어머니는 어딘가 어색한 표정으로 말했다.

"오, 존. 멋진 선물 고맙다. 하지만 이런 새빨간 색깔보다는 나에게 어울리는 색깔이면 더욱 좋았을 것을……"

돌턴은 처음에 무슨 뜻인지 깨닫지 못했다. 그러나 이야기를 나누다 보니 자기 이외의 사람들에게는 모두 새빨갛게 보이는 물건이 자기에게는 푸른 색깔로 보인다는 사실을 알았다.

돌턴은 색맹이었던 것이다. 그래서 돌턴은 자기 자신을 실험 재료로 삼아 색맹에 관한 연구를 하여 「색맹에 관하여」라는 논문을 썼다. 색맹을 영어로는 '돌턴니즘(daltonism)'이라 한다.

돌턴의 이 연구가 과학자와 의사들로 하여금 색맹에 관심을 갖게 한 계기가 되었다고 볼 수 있다.

돌턴의 친구들

앞에서도 기술한 바와 같이 돌턴은 빈틈없고 꼼꼼한 성격이었지만 그런 성격은 다른 한편 인색하고, 좀체로 남을 믿지 않는 완고함과도 일맥상통한다. 의사마저 믿지 못해 감기에 걸렸을 때 스스로 약을 조제해 복용했을 정도였다. 당연히, 이런 사람에게 친구가 많을 리 없었다.

그러나 기상 관측과 화학 실험을 일생의 벗으로 삼아 살아

온 돌턴에게도 청춘의 날이 없었던 것은 아니다. 돌턴과 친교가 있었던 윌리엄 존스(William Johns) 목사의 딸은 다음과 같이 회고한 바 있다.

"돌턴 씨는 가끔 젊어서 죽은 여자 친구들의 이야기를 할 때가 있었다. 그 이야기를 할 때는 언제나 평소와는 달리 차분한 모습이었으며, 우리가 '사랑하는 사이였었군요?'라고 하면, '아니 순수한 우정이었어……. 하지만 그녀에게는 약혼자가 있었으니까'라면서 그녀의 편지와 시를 목멘 소리로 들려 주었고, 종내는 눈물을 글썽이면서 '불쌍한 낸시 — 불쌍한 낸시' —라고 반복했었다."

이 낸시라는 여성에게서 보낸 것이라는 리본이 달린 난(蘭)의 한 표본이 지금도 맨체스터의 문학과학협회에 보존되어 있다고 한다.

돌턴도 역시 한 인간이었다고 생각되는 또 하나의 에피소드가 있다. 그가 사망하기 오래전에 작성한 듯한 유서에 유산은 화학 연구를 위해 옥스퍼드 대학에 기증한다고 했으나 후에 그 유서를 취소하고 30년 가까이 친교를 유지한 존스 목사에게 기증한다고 고쳐 썼다고 한다.

노년이 된 돌턴은 역시 화학보다는 친구에게서 인생의 애틋한 정을 느꼈던 것으로 믿어진다.

알루미늄의 공업적 제조법 발명

홀과 에루의 너무도 신기한 일치

신기한 일치

우연의 일치라는 말은 독자들 누구나 들어 본 적이 있을 것이다. 실제로, 세상에는 우연의 일치라고 표현하기에는 너무도 신기한 사례가 있다. 알루미늄의 공업적 제조법을 발명한 두 청년, 홀과 에루의 경우가 그러했다.

두 사람은 같은 해, 즉 1863년에 태어났다. 미국의 화학자 찰스 마틴 홀(Charles Martin Hall)은 12월 6일에, 프랑스의 야금학자 폴 루이 에루(Paul Louis Toussaint Heroult)는 4월 10일에 태어났으므로 에루가 8개월 정도 빨랐다.

찰스 마틴 홀

그리고 두 사람은 23세 때 서로 전혀

연락한 적도 없이 각자가 독자적으로 같은 알루미늄 제조법을 발명했다. 우연은 이것뿐만은 아니다. 두 사람이 삶을 마감한 것도 같은 1914년이었다. 홀은 12월 27일에, 에루는 5월 9일에 사망했으니 역시 에루가 8개월 정도 앞서 떠났다.

학문이나 기술적 측면에서 볼 때, 알루미늄의 제조법은 당시의 학문을 잘 공부한 사람이라면 같은 새로운 발명이나 발견이 서로 다른 사람에 의해서 거의 동시에 이루어지는 것이 전혀 불가능한 것은 아니었다고 생각한다.

기체의 법칙으로 '샤를의 법칙(Charles law)' 또는 '게이뤼삭의 법칙(Gay-Lussac law)'이라는 것이 있다. 이것도 자크 샤를(Jacques Alexandre César Charles, 1746~1823)과 조제프 게이뤼삭(Joseph Louis Gay-Lussac, 1778~1850)이 거의 동시에 각각 같은 법칙을 발견한 예이다.

그러나 홀과 에루의 경우, 미국과 프랑스라는 동떨어진 곳에서 같은 해에 태어나 같은 발명을 23세의 같은 나이에 하고, 죽음까지도 같은 해였다는 것은 우연으로 치기에는 너무도 신기하다.

알루미늄을 싸게 만들 수 없나

찰스 마틴 홀은 미국 오하이오 주 톰슨(Thompson)에서 태어났다. 어릴 적부터 실험하는 것을 즐겼으므로 집에는 각종 실험 도구들이 어지러이 흩어져 있었다. 알루미늄 제조법의 발명도 번듯한 연구실에서 이루어진 것이 아니라 자기 집 마당에서 자기가 만든 가마(furnace), 자기가 만든 전지(電池)를 이용해 발명했다.

그 무렵 홀은 오벌린 칼리지(Oberlin College)의 학생이었다. 어느 날 수업 중에 선생님이 여담으로 다음과 같은 이야기를 했다고 한다.

> "학생 여러분, 부자가 되어 명예를 얻고 싶다면 알루미늄을 싸게 제조하는 방법을 발명하라. 알루미늄은 이 지구상에 가장 많이 존재하는 금속이다. 그러나 현재로서는 그것을 값싸게 추출하는 방법이 없으므로 금이나 은처럼 귀금속으로 거래된다. 그러나 알루미늄은 금이나 은처럼 그 부존량이 적은 금속이 결코 아니다. 아마도 멀지 않아 쇠처럼 값이 저렴해질 것이다. 쇠보다 가벼운 매력적인 금속이다. 누가 먼저 발명하게 될지, 그 사람은 부자는 물론 화학 사상 영원히 이름을 남기게 될 것이다."

홀은 선생님의 그 이야기를 진지하게 가슴에 새겼다.

'음, 그렇다면 그건 내가 성공시켜 보이겠다!'

홀은 집으로 돌아오자 바로 실험실로 달려가 연구를 시작했다. 그리고 오래지 않아 실제로 발명에 성공했다. 23세의 청년 발명가 홀은 피츠버그알루미늄제조회사를 만들었고, 그것이 아메리카알루미늄회사로 발전했다. 홀은 불과 27세에 그 회사 부사장이 되어, 지난날의 선생님 예언 그대로 큰 부자가 되고 화학사에 이름까지 남기게 되었다.

한편, 폴 루이 투생 에루는 프랑스의 칼바도스(Calvados) 지방의 투이 아르쿠르(Thuy-Harcourt)에서 태어났다. 그의 아버지는 무두질 가죽공장을 운영하며 폴 역시 자기 뒤를 이어받기를 기대했지만 폴은 아버지의 바람과는 달리 파리에 있는 광업대학에 진학해 전기화학에 열중했다. 그리고 홀과 같은 23세에 알루미늄 제조법을 발명해 스위스의 뇌하우젠(Neuhausen)에 공장을 지어 큰 성공을 거두었다.

현재도 알루미늄 제련은 이 홀 · 에루법에 의해서 제조되고 있으며, 에루는 이 밖에도 지금 각국에서 사용하고 있는 제강용 에루 전기로의 발명자이기도 하다. 이제 이 두 사람이 발명한 알루미늄 제조법이 어떠한 것인지 설명하기 전에 알루미늄의 역사를 간단하게 되돌아보자.

나폴레옹 3세의 스푼

우리들이 생활하고 있는 지구의 표면, 즉 지각(earth crust)을 형성하고 있는 성분 원소의 양을 조사한 것을 '클라크수(Clarke number)'라고 한다. 그에 의하면 가장 많은 것은 산소로 46.7퍼센트, 다음이 규소(silicon)로 27.7퍼센트, 세 번째가 알루미늄으로 8.1퍼센트이다.

이렇게 많이 부존되어 있음에도 불구하고 값싸게 추출하지 못하는 것은, 알루미늄은 다른 원소와 결합하는 힘이 강해 제철용 용광로 속에서 코크스(coke)로 환원(reduction)할 수 없기 때문이다.

1807년, 영국의 화학자 험프리 데이비(Humphry Davy, 1778~1829)가, 마찬가지로 다른 원소와 결합하는 힘이 강한 원소인 나트륨과 칼륨, 칼슘 등을 전기 분해의 방법으로 얻는 데 성공했다. 그러나 데이비 역시도 알루미늄만은 손을 들고 말았다.

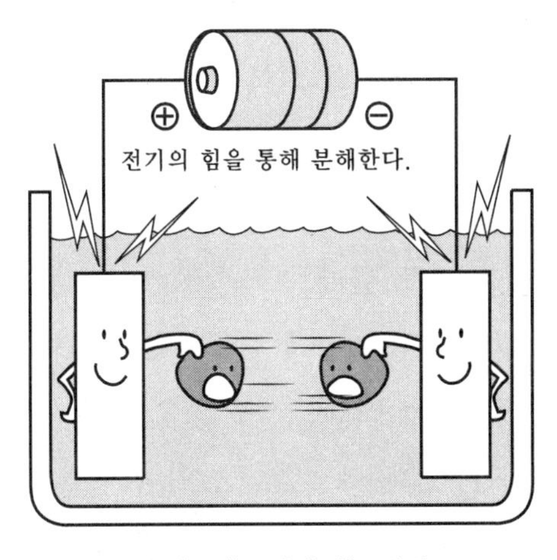

단체(單體)를 추출하는 방법

이처럼 결합하는 힘이 강한 원소를 추출하려면 그 화합물을 수분이 없는 상태에서 가열해 용해한 다음, 그 액체 속에 전극을 넣고, 전기를 통해 분해한다. 나트륨의 경우는 수산화나트륨이라는 화합물이 328도에서 녹으므로 그것을 전해한다. 또 칼륨의 경우는 수산화칼륨이 360도에서 녹는다.

하지만 수산화알루미늄은 300도에서 녹기 전에 분해해서 산화 알루미늄이 된다. 그리고 산화 알루미늄은 2,015도란 고온에 이르기 전에는 녹지 않는다. 2,000도라면 보통 벽돌은 말할 것도 없고, 내화 벽돌까지도 녹이고 만다. 그러므로 전해 장치가 불가능하다. 그래서 알루미늄은 처음 전기 분해가 아닌 방법으로 만들어졌다.

1825년에 한스 에르스텟(Hans Christian Oersted, 1777~1851)이 알루미늄보다 결합하는 힘이 더 강한 나트륨으로 염화 알루미늄에 함유된 염소를 추출해 알루미늄을 얻은 것이 최초였다. 그리고 2년 지나 독일의 화학자 프리드리히 뵐러(Friedrich Wöhler, 1800~1882)가 같은 방법으로 추출해 알루미늄이 금속이란 것을 확인했다.

1855년에 앙리 생트 클레르 드빌(Henri Étienne Saint-Clair Devill, 1818~1881)이 많은 양의 나트륨을 사용해 7킬로그램의 알루미늄을 만들어 냄으로써 겨우 공업적 생산에 막을 열었다. 이 이전에 1킬로그램에 3만 프랑이나 하던 알루미늄이 드빌에 의해서 4년 후에는 100분의 1인 300프랑으로까지 떨어졌다고 한다.

가격이 이렇게 떨어져도 여전히 알루미늄은 귀금속 대접을 받았다. 나폴레옹 3세는 알루미늄으로 만든 스푼을 사용하는 것을 자랑으로 삼았고, 아기들의 장난감도 알루미늄으로 만들게 했다고 한다. 또 미국의 워싱턴기념탑 꼭대기에도 알루미늄의 장식판이 설치되었다. 알루미늄은 이처럼 귀금속 대접을 받으며 사용되었다.

홀과 에루의 발명

자, 이제 홀과 에루가 발명한 방법 이야기를 소개하고 끝을 맺어야겠다.

데이비가 발명한 전기 분해에 의한 방법에서는 어떻든 목적하는 원소 화합물을 어떠한 방법으로든 액체로 만들고, 그 속에 전극을 넣어야 했다. 그러기 위해서는 그릇 구실을 하는 내화 벽돌이 녹지 않고 견디는 온도에서 녹는 화합물을 찾아야만 한다. 물론 홀과 에루 이전에도 많은 사람이 그러한 조건의 알루미늄 화합물을 찾았을 것이다. 그러나 대부분의 알루미늄 화합물은 가열하면 도중에 분해되어 산화 알루미늄이 된다. 그렇게 되면 2,000도로 가열하지 않고는 쓸 수 없다.

홀과 에루가 생각한 것은 단독 물질이 아니라 두 종류 이상의 물질을 혼합해 가열한다는 것이었다. 식염과 얼음도 혼합하면 얼음이 녹는 온도(0도)보다 훨씬 낮은 온도에서 액체가 된다.

이들은 여러 종류의 물질을 바꾸어 가며 실험을 거듭한 결과, 빙정석(氷晶石, cryolite)이라는 광물이 적절하다는 것을 발견했다. 빙정석을 가열해, 거기에 산화 알루미늄을 혼합하면 900도 정도에서 액체로 된다는 사실을 알았다. 이렇게 되면 성공한 것이다.

1886년 2월 26일, 홀은 최초로 얻은 알루미늄의 작은 덩어리를 가지고 옛 선생님을 방문했다.

"뭐, 드디어 네가 해냈다고! 이것으로 너의 이름은 영원히 남게 될 것이고, 돈더미에 앉게 될 것이다."

선생님의 놀라움과 기쁨도 대단했다. 그때의 작은 알루미늄 덩어리는 지금도 아메리카알루미늄회사에 소중하게 보존되어 있다고 한다.

이들의 발명으로 알루미늄의 가격은 1파운드에 8달러 하던 것이 0.3달러로까지 떨어졌다고 한다. 이렇게 되면 알루미늄은 이제 더 이상 귀금속이 아니었다. 얼마 지나지 않아 나폴레옹 3세가 자랑했던 스푼이 빙수를 휘젓는 싸구려 스푼으로 거리에서 팔리는 신세로 전락했다.

지금 우리들 주변에는 알루미늄이 넘쳐나고 있다. 주방에서 쓰는 알루미늄 호일을 비롯해 과자와 라면의 포장지, 창틀의 새시, 탱크와 제트기를 만드는 두랄루민(duralumin)까지 넘쳐나고 있다. 근래에 와서는 모습을 찾아보기 어렵지만 과거에는 1원, 5원의 동전으로도 알루미늄이 사용되었다.

이 경금속(輕金屬) 시대의 막을 연 사람은 참으로 기이하게도 같은 운명을 산 두 청년이었다.

산 인간의 뼈가 보인다!

X선을 발견한 뢴트겐

정학 처분을 당한 빌헬름

"오, 빌헬름 바로 너였구나. 못된 장난을 친 녀석이."

갑자기 뒤에서 들리는 소리에 놀란 빌헬름은 뒤를 돌아보았다. 정말 빼닮았구나라고 감탄하며 바라본 흑판의 낙서 주인공 바로 그 T선생이 성난 얼굴로 노려보는 것이 아닌가.

"아, 아니에요. 나는 그림 재주도 없고요."

"그럼 누구 짓이란 말이냐?"

"그 그걸 제가 어찌……."

"말 못 하겠지. 장난꾸러기 네가 한 짓임이 분명하다. 교무실로 따라와!"

빌헬름은 꼼짝없이 누가 그렸는지도 모르는 낙서의 범인으로 몰려 교무실로 불려 가지 않을 수 없었다. 그를 잘 알고 있는 담임선생이 구구하게 변호해 주었지만 T선생은 끝내 믿음을 바꾸려고 하지 않았다. 결국 빌헬름에게는 언제 복학이 허용될지도 모르는 장기 정학 처분이 내려졌다.

내년에는 대학 입학시험을 보아야 했으므로 장기 정학은 감내할 수 없었다. 그래서 빌헬름은 집에서 혼자 열심히 공부했다. 그러나 속담에 '안 되는 놈은 뒤로 넘어져도 코가 깨진다'는 말이 있듯이, 수험 원서 제출이 임박해 돌연 담임선생이 병으로 휴직하고 T선생이 수험 담당 선생이 되었다. T선생은 아직도 화가 다 풀리지 않았는지 끝내 수험 원서를 써 주지 않았다.

빌헬름은 그리지도 않은 낙서 때문에 정학 처분을 받았다.

어쩔 수 없었다. 빌헬름은 위트레흐트(Utrecht) 공업학교에 들어가 뒤늦게 스위스 취리히(Zürich) 대학에 진학했다.

그 무렵의 취리히 대학에서는 음향학으로 유명한 독일의 실험물리학자 아우구스트 쿤트(August Adolph Eduard Eberhard Kundt, 1839~1894) 교수가 재직하고 있었다. 빌헬름은 쿤트 교수에 이끌려 물리학을 공부하게 되었고, 졸업하자 쿤트 교수의 조수가 되었다.

시일이 지나, 쿤트 교수가 독일의 초청을 받아 베를린 물리 연구소 소장으로 부임하게 됨에 따라 그도 독일로 건너가 물리학의 여러 분야에서 연구 경험을 쌓았다.

가이슬러관과 크룩스관

빌헬름 콘라트 뢴트겐(Wilhelm Konrad Röntgen, 1845~1923)이 이른바 X선을 발견한 것은 그가 바바리아(Bavaria: 바이에른 주)의 뷔르츠부르크(Würzburg) 대학 물리학 연구소장으로 재직하고 있던 1895년 가을이었다. 그때 그는 50세였다.

빌헬름 콘라트 뢴트겐

뢴트겐이 X선을 발견한 과정을 알기 위해서는 그보다 약 40년 전으로 거슬러 올라가야 한다.

그 무렵, 독일에 이화학 기구를 제조·판매하는 기술과학자 요한 하인리히 가이슬러(Johann Heinrich Wilhelm Geissler, 1815~1879)라는 사람이 있었다. 이 사람은 유리 세공(細工) 솜씨도 뛰어났다. 1855년에 가이슬러는 성능이 매우 좋은 진공 펌프를 발명했으며, 그 펌프 덕으로 진공도(眞空度)가 매우 높은 유리관을 만들 수 있게 되었다.

이 진공관은 친구들에 의해서 '가이슬러관(Geissler tube)'으로 명명되었으며, 이 관의 발명으로 엷은 기체 속을 지나는 전기에 대한 연구가 급진전하게 되었다.

아래 그림에서와 같이 가느다란 유리관 양쪽 끝에 전극을 봉입하고, 또 관 한 곳에 가지를 달아서 거기에 진공 펌프를 연결한다. 그리고 전극을 고압의 전원에 연결한다.

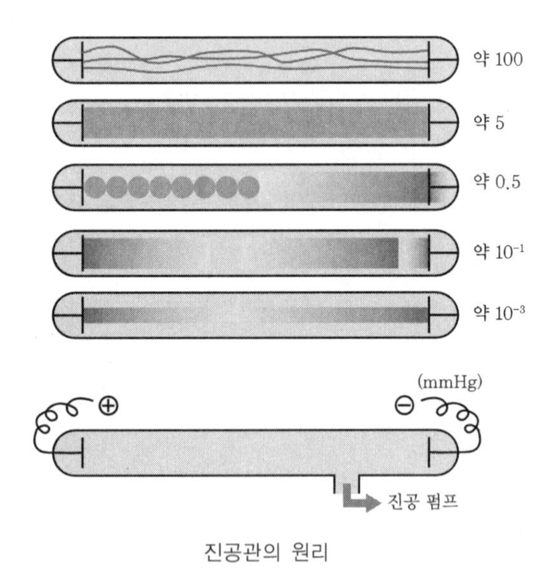

진공관의 원리

보통 1 기압의 공기 속에서는 전기가 통하지 않는다. 그래서 펌프를 작동해 관 속의 공기를 뽑기 시작한다. 속의 공기가 10분의 1 기압 정도가 되면 전기가 통하기 시작해 관 속에 마치 뱀이 꾸불거리는 듯한 빛의 띠(帶)가 보인다.

공기를 더욱 뽑아 나가면 속에 명암의 줄무늬 모양이 나타나고, 더욱 진행되면 그 줄무늬 모양이 점점 +극 쪽으로 끌려가게 되고, −극 쪽에는 검은 부분이 늘어난다.

진공도가 더욱 높아지면 관 전체가 어두워지고, 그 대신 유리관의 벽에 엷은 녹색 빛이 나타난다. 이렇게 된, 즉 기압이 1,000분의 1밀리 정도로 되어 유리관 벽이 엷은 녹색으로 빛나게 된 진공관을, 관을 연구한 영국의 화학·물리학자 윌리엄 크룩스(William Crookes, 1832~1919)의 이름을 따서 '크룩스관(Crookes tube)'이라고 한다.

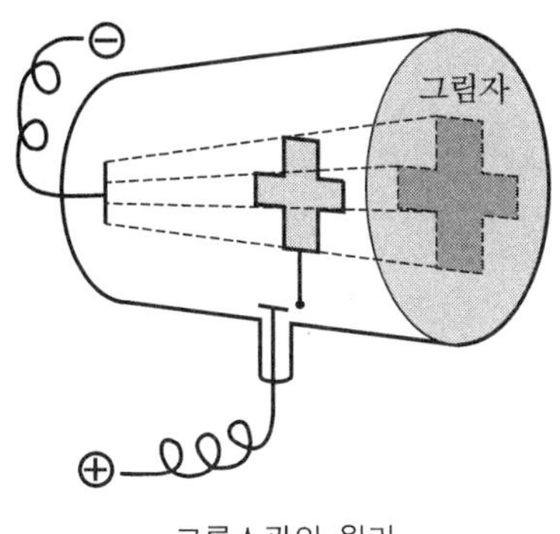

크룩스관의 원리

그럼, 이 녹색 빛은 어찌해서 나타나는 것일까? 이것은 음극에서 나온 일종의 방사선, 음극선이 유리에 부딪쳐 빛을 발생하기 때문이다. 이처럼 방사선이 부딪쳐 다른 파장의 빛이 발생하는 것을 형광(螢光)이라 한다. 일반 가정에서 사용하고 있는 형광등도 이 원리를 이용한 것이다.

앞의 그림과 같이 크룩스관 속에 금속판을 두면 유리벽에 판(板)의 그림자가 비친다. 또 그때, 관에 자석을 가까이 가져가면 그림자가 움직인다. 이 자석의 극과 그림자가 움직이는 방향으로 미루어 음극선은 마이너스 전기를 지닌 작은 입자, 즉 전자의 흐름이라는 것이 확인되었다.

뢴트겐은 1895년 무렵 이 크룩스관의 실험을 했던 것이다.

방사선이 나온다!

1895년 11월 5일, 뢴트겐은 희미한 형광을 관찰하기 위해 검은 커튼을 쳐 실험실을 어둡게 했다. 그리고 크룩스관 대부분도 검은 종이로 덮어 실험을 했다. 그때, 얼핏 옆을 보고 느꼈다. 약 1미터 정도 떨어진 탁자 위에 놓아둔 형광지가 희미하게 빛나는 것 같아 보였다.

방사선이 부딪쳐 형광을 발생하는 물질을 형광 물질이라고 한다. 우리가 손목에 차고 있는 시계판의 야광 글자와 형광등의 유리 안쪽에는 이 형광 물질이 도포되어 있다. 이 형광 물질의 일종에 백금시안화바륨이라는 화합물이 있어서 뢴트겐 당시에도 이것을 칠한 종이가 방사선 연구에 사용되었다.

'아니, 이상한데? 여기 있는 형광지가 왜 빛나지?'

뢴트겐은 이해가 되지 않아, 그 종이를 여기저기로 옮겨 보았다. 그러자 크룩스관 가까이로 가져가면 밝게 빛나고 멀리 하면 어두워지는 것을 알았다. 혹시나 해서 크룩스관의 전원을 끊으니 형광도 없어졌다. 음극선은 유리관을 통하고 검은 종이를 통해 밖으로 나올수록 투과력이 강하지 못하다는 것은 이미 알고 있었다.

'혹시 미지(未知)의 방사선이 크룩스관에서 나오는 것은 아닐까?'

뢴트겐은 흥분으로 가슴이 뛰었다. 크룩스관과 형광지 사이에 여러 종류의 물질을 바꾸어 놓아 보았다. 그러자 보통 빛이 통하지 않는 검은 종이와 판은 물론, 얇은 금속판까지도 이 방사선은 통과하는 것을 알았다.

'음극선이 +극에 부딪쳐 거기서 무엇인가 미지의 방사선이 나오는 것임이 틀림없어. 이건 중대한 발견이다!'

뢴트겐은 확신했다. 그날부터 일주일 동안 잠자는 것도 아까워하며 실험실에 틀어박혔다. 이 중요한 발견이 다른 사람들에게 알려지기 전에 가급적 상세하게 그 성질을 확인해 두려고 생각했기 때문이다.

사실은 그보다 훨씬 전에 크룩스도 이 미지의 방사선에 의한 현상을 본 적이 있었다. 크룩스관 곁에 놓아둔 사진 건판(乾板)이 모두 감광되었지만 그는 그것은 건판의 품질이 불량한 탓이었다고 믿어 모두 반품했었다. 그때 만약에 크룩스가 건판의 불량으로 보지 않고 '혹시나' 하고 의문을 가졌더라면 X선을 발견한 사람이 뢴트겐이 아닌 크룩스가 되었을 것이다.

이러하기 때문에 우연한 발견이라 할지라도 발견자의 주의 깊은 관찰력 여하에 따라 빛을 볼 수도 있고, 아깝게 사장되기도 한다.

X선의 공개 실험

1895년 12월 28일, 뢴트겐은 최초의 논문을 발표했다. 그리고 다음 해 1월 23일에는 공개 실험 강연을 했다.

"나는 이 미지의 방사선을 X선이라 부르고 있습니다만, 그 놀랄 만한 성능을 실증하기 위해 직접 실험대에 오르실 분 없습니까?"

청중은 술렁거리기 시작했다. 그러자 한 노인이 일어서더니 "내가 하겠오"라고 나섰다. 그는 스위스의 생리학 · 조직학 · 비교 해부학자로 유명한 루돌프 알베르트 폰 쾰리커(Rodolf Albert von Kölliker, 1817~1905)로, 이미 80에 이른 노인이었다.

얼마 지나지 않아, 살아 있는 쾰리커의 선명한 손뼈 사진이 공개되자 가득 찬 청중으로부터 우레와 같은 박수 소리가 터져 나왔다.

X선 발견의 뉴스는 곧 세계에 전파되었다. 4일 후에는 미국에서 다리에 박혀 있는 탄환의 위치가 확인되고, 2월 7일에는

루돌프 알베르트 폰 쾰리커

리버풀(Liverpool)에서 소년의 머리에 박힌 탄환이 확인되었다.

몇 개월 후, 프랑스의 물리학자 앙투안 앙리 베크렐(Antoine Henri Becquerel, 1852~1908)에 의해서 우라늄광의 방사선 발견이 이루어져 물리학은 전혀 새로운 세계로 나아가게 되었다. 그리고 물리학자들은 갈릴레오 갈릴레이에 의한 지동설 이래의 제2차 과학혁명이라 하여, 그때까지의 19세기 물리학을 고전물리학이라 부르기 시작했다.

1901년, 뢴트겐은 최초의 노벨 물리학상을 수상했다. 그러나 뢴트겐은 노벨처럼 자신의 발견을 특허로 하지 않았다. 정부로부터 주는 귀족의 칭호도 사양했다. 과학의 진리는 개인의 것이 아니라는 순수한 과학자 정신에서였을 것이다. 금전상의 이익도 받으려 하지 않았다.

그리고 1919년 모든 공직에서 은퇴한 뢴트겐은 이때까지 모아 둔 재산이 많지 않은데다 제1차 세계대전 후의 극심한 인플레이션 속에서 가난하게 살다가 1923년 뮌헨에서 일흔여덟을 일기로 세상을 떠났다.

인공지능학의 선구자 노버트 위너

어떻게 하면 적기를 잘 격추시킬 수 있을까

인공두뇌학은 어떤 학문인가

사이버네틱스(cybernetics)라는 학문이 있다. 보통 '인공두뇌학'으로 번역되지만 중국에서는 '타학(舵學)'으로 번역된다고 한다. '타'는 글자 그대로 배의 방향을 정하는 '키'를 뜻하지만 물을 저어서 배를 나가게 하는 '노(櫓)'를 이를 때도 있다.

배를 몰려면 물이 흐르는 방향과 유속, 풍향과 풍속을 알아야 하고, 자기 배의 출력(出力)과 크기(톤수)도 안 연후에야 선장은 오랜 경험에 따른 감(sense)으로 배를 몰게 된다.

이 선장의 감을 이론화한 것이 사이버네틱스라고 생각하면 된다. 다른 하나의 예를 더 들겠다. 지금 야구 경기를 하고 있다고 가정하자. 그리고 타석에 들어선 타자가 되었다고 상상해 보자. 상대 투수의 능력과 버릇은 이미 알고 있을지라도 이번에 던질 공이 어떤 공일지는 알 수 없다.

투수의 폼, 그의 손아귀에서 벗어나 눈깜짝하는 사이에 날아오는 공의 움직임, 이것들을 보고 그 정보를 뇌에 전달한다.

뇌는 그러한 정보를 판단(계산)해 어느 방향으로, 얼마만큼의 힘을 써서 치라는 명령을 내린다. 당연히 타자의 몸과 손은 그 명령에 따라 움직인다. 계산이 정확했다면 안타가 될 것이고, 계산이 틀렸다면 헛 스윙이 될 것이다.

노버트 위너

홈런을 많이 날리는 타자들은 이와 같은 판단을 번개처럼하는 훌륭한 계산기를 두뇌 속에 가지고 있다 하겠다.

인공두뇌학은 1964년, 미국의 수학자 노버트 위너(Norbert Wiener, 1894~1964)가 발표한 논문에서 비롯된 것으로 알려져 있다. 그러므로 위너가 이 이론을 확정하기까지의 과정을 알아보는 것도 이 이론을 이해하는 길잡이가 될 수 있을 것이다.

제2차 세계대전 중, 위너는 군에 협력해 방공(防空) 연구에 종사했다. 즉, 어떻게 하면 내습해 적기(敵機)를 잘 격추시킬 수 있는가 하는 연구였다.

우선 레이더가 적기의 위치, 진행하는 방향과 속도를 인지하고, 다음에는 현재의 풍향과 풍속을 파악한다. 그리고는 그 적기를 향해 발사될 대공포(對空砲)의 탄환 속도와 탄도를 고려하고 이미 입력되어 있는 포대 위치 좌표, 표고 이외에도 현재의 온도·습도·지구의 회전 속도까지 이 모든 정보를 종합 검토하고서야 '여기다' 하는 방향으로 실제 대공포를 발사한다. 이 정도라면 선장이나 홈런 타자의 감으로는 어림도 없다. 계산기도 보통 계산기가 아니라 고성능 계산기가 필요하다.

이렇게 보면, 우리들 인간이 머리 속에서 하는 판단과 계산기가 처리하는 계산이 본질적으로 같은 과정으로 진행된다는 것을 알 수 있다. 위너는 생물과 무생물, 인간과 기계의 차이를 인정하지 않고, 인간의 신경 작용에도, 계산기의 메커니즘에도 적용할 수 있는 이론으로 사이버네틱스를 생각했다고 한다.

타자는 공이 날아오는 불과 몇 초 사이에 그 공이 올 위치를 파악해 방망이를 휘두른다.

노버트 위너의 인생 역정

그럼, 이와 같은 이론을 생각한 위너는 어떠한 사람이었는지 알아보자. 위너의 사람됨을 알기 위해서는 먼저 그 아버지의 존재부터 알아야 할 것 같다.

위너의 아버지는 유대계 사람으로, 동유럽에서 태어났다. 젊은 시절, 의학부에 들어가기도 하고, 공업부에 들어가기도 했지만 모두 중퇴하고 러시아의 문호 레프 톨스토이(Lev Nikolayevich Tolstoy, 1828~1910)가 주장하는 이상사회를 동경해 미국으로 건너갔다.

그러나 현실의 미국은 이상사회가 아니었다. 꿈은 깨어져, 잠시 방랑 생활을 한 적도 있었다. 그러다가 어학력이 인정되어 고등학교 교사가 되었고, 노버트가 태어난 1894년 하버드 대학의 언어학 교수로 재직했다.

아버지는 태어나면서부터 영리한 노버트에게 자신의 꿈을 걸었다. 모든 정력을 아들의 영재 교육에 쏟았다. 그리하여 노버트는 3세 때부터 수학과 어학을 닥치는 대로 익혔다. 아버지의 교육이 너무 엄격해서 그의 어머니가 자주 달래려고 들어갔을 정도였다 한다.

노버트는 아버지의 뜻대로 잘 익혔다. 7세 때에는 벌써 찰스 로버트 다윈(Charles Robert Darwin, 1809~1882)의 『박물지』를 완독하고, 9세에 고등학교, 11세에 터프츠 대학, 14세에 하버드 대학 대학원에 들어가 18세에 수리(數理) 철학박사가 되었다.

노버트의 천재성은 그 무렵 학자들 간에도 화제가 되었으며, 그를 관찰하고 쓴 「조숙아」라는 논문까지 나올 정도였다. 그러나 그의 아버지는 노버트가 보통 아이였지만 천재아가 된 것은 자신의 교육이 올바랐던 덕이라고 주장했다.

노버트는 대학을 마치고 영국으로 건너가 철학자 버트런드 러셀(Bertrand Arthur William Russell, 1872~1970) 등 유명한 학자에게 사사(師事)하며 공부했다. 그러나 그 후에 취직하려고 했을 때 천재아란 평판은 오히려 장애가 되었다. 좋은 자리가 얻어지지 않아 신문 기자로도 활동하다가 25세 때에야 겨우 매사추세츠 대학의 강사가 되었다. 그러나 정식 교수가 된 것은 40세가 되어서였다.

반바지의 대학생

"조숙한 천재는 20세가 넘으면 평범한 사람이 된다"는 설도 있지만 위너는 그 아버지에 의해서 만들어진 천재의 외투를 벗어던지고 자기 나름의 실력을 발휘하기까지에는 상당한 노력이 필요했다.

위너는 '반바지의 대학생'으로 통칭되었다. 즉, 언제나 10세 가까이나 연상인 사람들 사이에 끼어 공부를 했었다. 그러므로 그는 같은 연배의 친구라고는 없었다. 어른과 아이의 경계 인간으로 살았다. 이 때문에 공부 면에는 지지 않았지만 항상 자신은 알지 못하는 세계에 사는 사람들과 가까이 있다는 느낌이었다. 그러므로 기분이 좋을 때는 세상은 온갖 것이 넘쳐나는 풍요로운 곳이라고 생각되었지만 기분이 나쁠 때에는 어떻게 대처해야 좋을지 알 수 없는 혼돈의 세계로 생각되어 열등감을 느꼈다.

위너는 후년, 수학(數學)에 대해 "수학의 가장 큰 사명은 무질서 속에서 질서를 발견하는 것이다"라고 했는데, 모르는 것으로 가득 찬 세상에서 자신이 이해하는 것을 골라내어 거기에서 안주(安住)하려 했던 의도를 엿볼 수 있다.

그리고 위너는 가금 아버지의 속박에서 벗어나려 시도했으나 번번이 실패했다.

첫 번째는 11세 때 터프츠 대학(Tufts University)에 입학했을 때였다. 아버지의 기대에 반해 그는 수학을 선택하지 않고 생물학을 선택했다. 그러나 도수가 높은 근시와 손놀림의 서투름 때문에 관찰과 실험이 여의치 않아 졸업 논문은 역시 수학이었다.

다음은 하버드 대학 대학원에 들어가서였다. 또 아버지의 뜻을 거역하고 이번에는 동물학을 선택했다. 그러나 이 또한 여의치 않아 졸업 논문은 수리철학(數理哲學)이었다.

결혼을 전후해서도, 자립과 감내의 혼란으로 한때 머리가 약간 돌기까지 했었다.

그런 아버지도 위너가 38세 때 교통 사고를 당하고, 끝내 뇌졸중으로 쓰러졌다. 그래서 41세가 되어서야 그는 겨우 아버지의 덫에서 벗어났다.

위너가 생각해 낸 사이버네틱스 이론은 오토메이션의 기초 이론으로 자리 잡아 기술 혁신의 길잡이가 되었다. 하지만 오토메이션은 인간을 일터에서 내쫓아 노예로 전락시키게 될 것이라고 우려하는 사람들도 있다. 위너는 “인간을 기계적인 작업에서 해방시켜, 본시부터 가지고 있는 재능을 십분 살려 참으로 인간답게 살게 하는 것, 그것이 학문의 목적이며, 그 이외에 인류 생존의 가능성은 없다”고 했다. 위너의 이론이 그의 바람대로 적용될지 아닐지는 앞으로 인간의 영지(英智)에 따라 가름될 것이 아니겠는가.

1964년, 위너는 계단을 내려오다가 심근경색으로 쓰러져, 소생하지 못하고 인생을 마감했다.

아득한 옛날 대륙은 이어져 있었다

대륙이동설을 생각한 알프레트 베게너

대서양이 가운데 있는 세계 지도

세계 지도를 펼쳐 놓고 보자. 우리나라 대한민국이 거의 중앙에 있고, 동쪽으로는 동해와 일본, 더 멀리는 태평양과 북아메리카 등이 있고, 서쪽으로는 아시아 대륙, 더 멀리는 유럽이 있다.

더 자세히 보면, 이상하게 느껴지는 지명도 있다. 동쪽 저 멀리, 남북 아메리카 대륙 사이에 서인도 제도라는 곳이 보인다. 동쪽에 위치하고 있는데 왜 서인도(西印度) 제도라고 하는가?

그러고 보면, 대한민국, 중국, 일본 주변을 극동(極東)이라 하고, 이스라엘이나 이란, 사우디아라비아 주변을 중동(中東)이라 하는 것도 좀 야릇하게 생각된다.

우리나라가 가운데 있는 세계 지도

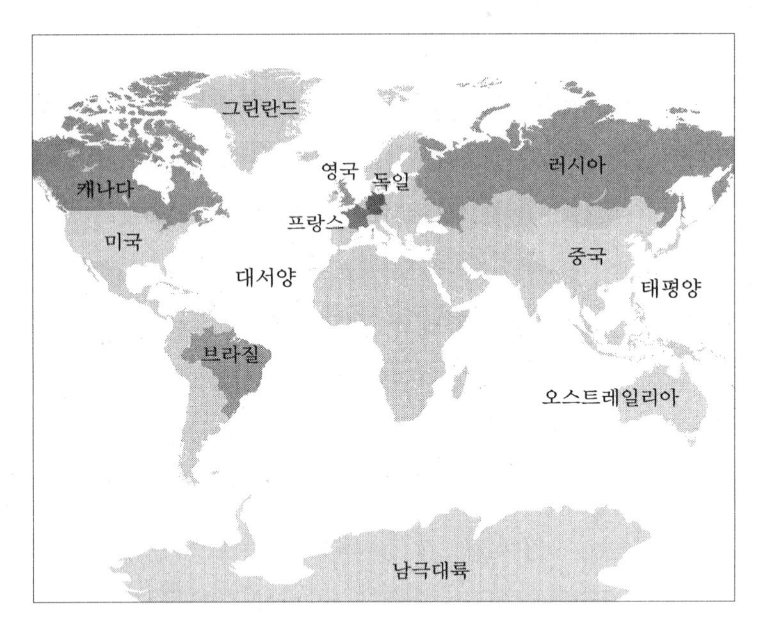

유럽이 가운데 있는 세계 지도

이와 같은 의혹은 우리가 우리나라에서 제작된 지도(앞쪽의 위 그림)를 보고 있기 때문이다. 유럽 사람들이 보는 지도(앞쪽의 아래 그림)에는 유럽이 한가운데 있어 한국, 일본 등은 동쪽 끝에 위치한 극동 국가임이 분명하고, 극동까지는 가지 않고 그 중간쯤에 위치한 사우디아라비아, 이스라엘 등이 위치한 지역은 중동 지역임이 분명하다. 서인도 제도 역시 유럽에서 보면 서쪽에 있는 인도령(印度領)의 여러 도서로 보았음직하다.

여기에서 이야기하고자 하는 기상학자 · 지구물리학자인 주인공 알프레트 로타르 베게너(Alfred Lothar Wegener, 1880~1930)는 독일 출생이었으므로 유럽이 가운데 있는 지도를 보고 자랐다. 만약 그가 한국에서 자랐다면 이 '대륙이동설(大陸移動說, continental drift theory)'이라는 큰 꿈의 구상은 애초에 태어나지 않았을지도 모른다.

알프레트 로타르 베게너

그 이유는 유럽이 가운데 있는 지도를 보고서만이 아득한 옛날에는 아메리카 대륙과 아프리카 대륙, 유럽 대륙 등이 이어져 있었을지도 모른다는 생각이 들기 때문이다.

유럽이 가운데 있는 지도를 다시 자세하게 보자. 남아메리카에 있는 브라질의 혹처럼 튀어나온 부분이 아프리카 하반부의 움푹한 부분에 잘 들어맞을 것 같고, 아프리카 상반부의 볼록한 장구 머리가 남북아메리카 사이에 알맞게 들어맞을 것 같아 보이기 때문이다.

'아득한 옛날에는 어쩌면 대륙은 이어져 있었지만 점차 떨어진 것인지도 모른다.'

지도 보기를 즐긴 젊은날의 베게너에게 언제부터인가 이러한 공상(空想)이 자리 잡기 시작했다. 베게너는 후일, 지구물리학자가 되어 이 공상을 과학의 가설로 발표했다.

지구물리학자 알프레트 베게너

베게너는 1880년 베를린에서 태어났다. 앞에서 지구물리학자라고 했지만 사실은 이 지구물리학자 외에도 여러 가지 직함이 따른다. 기상학자, 천문학자, 탐험가 등등이다.

그는 폭넓게 공부해 다방면에서 활약한 사람이다. 근무한 곳만 보아도 린덴베르크(Lindenberg) 고층기상대, 마그데부르크(Magdeburg) 대학, 해양기상대, 함부르크(Hamburg) 대학, 그라츠(Graz) 대학 등 다양하다.

1906년, 26세의 청년 베게너는 형과 둘이 기구를 타고 52시간이란 체공(滯空) 기록을 세워 유명세를 탔다. 또 달에 구덩이(crater)가 생긴 원인에 관해 화산설과 운석낙하설이 대립하는 가운데, 운석설을 따른 베게너는 그것을 증명하기 위해 평탄한 콘크리트 바닥에 석고 분말을 깔고, 그 위에 구슬을 떨어뜨려 구덩이를 빼닮은 구멍을 만들어 보이기도 했다고 한다.

대기의 구조와 회오리바람이 발생하는 원인을 기술한 『대기열역학(*Thermodynamik der Atmosphäre*)』(1911)이란 책도 저술했고, 북대서양과 북극해 사이에 있는 눈과 얼음으로 뒤덮인 세계에서 가장 큰 섬인 그린란드에 관심을 갖고 1913년부터 30년에 걸쳐 네 차례나 탐험에 나서기도 했다.

그리고 1930년 겨울, 4번째 탐험 때 이누이트(Inuit)족 한 사람과 함께 개썰매로 설원(雪原)에 나가서는 끝내 돌아오지 못했다.

그는 50년의 인생을 학문상으로나 지구상에서나 미지 세계의 탐험에 정열을 쏟고, 그것을 위해 행동한 사람이었다.

베게너의 대륙이동설

옛 사람들은 대지(大地)는 반석처럼 굳건한 것이라고 생각했다. 그러한 대지가 갈라져 유동(流動)했다니, 상당한 증거 없이는 주장할 수 없는 일이었다.

베게너의 시대, 즉 19세기 말 무렵에는 지구 표면을 덮고 있는 지각(地殼)의 구조가 거의 밝혀져 있었다. 그에 의하면, 우리가 거주하고 있는 대지는 화강암질의 비교적 가벼운 암석 덩어리이고, 그것이 현무암질이라는 약간 무거운 암석층 위에 놓여 있다. 이 두 층으로 구성된 지각이 지구 깊숙한 곳(지구의 핵과 지각 사이)에 있는 맨틀(mantle)을 덮고 있는 구조이다.

다음에, 화석 연구로 알게 되는 고생물학에 의해서 아득한 옛날, 곤드와나(Gondwana) 대륙과 유라시아(Eurasia) 대륙이라는 두 대륙이 있었고, 그 사이에 템스(Thames) 해라는 지중해가 있었던 것 같다고 생각해 왔다.

이와 같은 배경을 바탕으로, 베게너는 다음과 같은 연구를 했다.

그 하나는, 빙하가 흐른 방향이었다. 지층 안에 '미석(迷石)'이라 하여 옛날, 빙하에 의해서 굴러온 돌이 잔존하는 경우가 있다. 이 돌에 새겨진 찰상(擦傷)을 보면 그 돌이 흘러온 방향, 즉 그 돌을 굴려 온 빙하가 흐른 방향을 알 수 있다. 오늘날, 서로 떨어져 있는 아프리카와 남아메리카 등지에서 이 빙하가 흐른 방향을 조사해 보면 그 방향이 제각각이다. 그러나 옛날 대륙이 하나로 붙어 있었다고 본다면 빙하의 발원(發源) 방향이 일치한다는 것이다.

또 하나는 생물의 화석이다. 멀리 떨어져 있는 두 대륙에 같은 시대, 같은 생물의 화석이 존재하는 것으로 미루어 보아, 그 시대에는 두 대륙이 이어져 있었다는 것이 수긍된다. 또 옛날 무성했던 식물의 종류를 보아, 그 무렵의 기후가 상상된다. 지금 떨어져 있는 두 대륙에 같은 무렵, 같은 식물이 자랐고, 같은 기후였다고 생각되는 사실로도 그 두 대륙이 옛날에는 이어져 있었을 것임이 쉽게 상상된다.

근거는 이것뿐만이 아니다. 측량 결과 그린란드와 유럽은 1

세기 사이에 약 1.6킬로미터 멀어지고 있다는 것과, 파리와 미국의 워싱턴 사이도 1년에 약 4.5미터 멀어지고 있다는 것을 알았다.

이와 같은 사실들을 바탕으로, 베게너는 1912년 '대륙이동설'을 발표했다. 그러나 모든 사람이 받아들이지는 않았다. 반대하는 사람들은 첫째, 그 무거운 땅덩어리를 이동시키는 에너지가 어디서 오는지 알 수 없다고 했다. 다음은 고생물학이나 고기상학은 그렇게 단순한 것이 아니라고 했다. 또 엄밀하게 검토한 결과, 파리와 워싱턴 사이의 멀어지는 거리라는 것도 측정오차 범위에 불과하다.

대륙이동설은 맞는 주장인가

하지만 20세기 중반에 이르러서, 베게너의 주장에 다시금 무게가 실리게 되었다.

1950년경, 대양의 해저 조사를 통해, 대서양의 거의 중앙에 해령(海嶺, ridge)*이라는 해저산맥이 이어져 있고, 그 산맥 정상에 갈라진 틈이 있는 것을 알았다. 그리고 그 틈이 있는 곳에서는 지구 내부에서 솟아오르는 열의 양이 특별히 많은 것을 알았다. 이로 미루어 지각 밑의 맨틀에서 서서히 대류(對流)가 일어나 내부의 열이 솟아오르고, 그 대류의 정상 부분이

* 깊이 4,000~6,000미터의 바다 밑에 산맥 모양으로 솟은 지형.

바로 해령이며, 해령에 솟아오른 맨틀로 해저의 지각이 만들어졌는지도 모른다고 생각하게 되었다. 새로 만들어진 이 해저 위에 놓여 대륙이 움직인다고 하면, 대륙을 움직이는 에너지의 원천은 이제 밝혀진 셈이다.

1955년경에는 고지자기학(古地磁氣學)에 의해서 또 다른 새로운 사실을 알게 되었다. 작은 자석을 놓으면 바늘 끝이 북쪽을 가리킨다는 것은 누구나 알고 있었다. 이는 지구 전체가 큰 자석이고, 지구의 북극 가까이에 자석의 남극이 있으므로 자침의 북극이 그 방향을 가리키게 된다. 그런데 이 지구의 자극(磁極)은 불변하는 것이 아니라 수십만 년 사이에는 남북이 역전할 만큼 이동한다는 사실을 알게 되었다. 예컨대, 옛날 암석을 조사해 보면 그 암석이 만들어졌을 때의 자침이 가리키는 방향, 즉 자극을 알 수 있다.

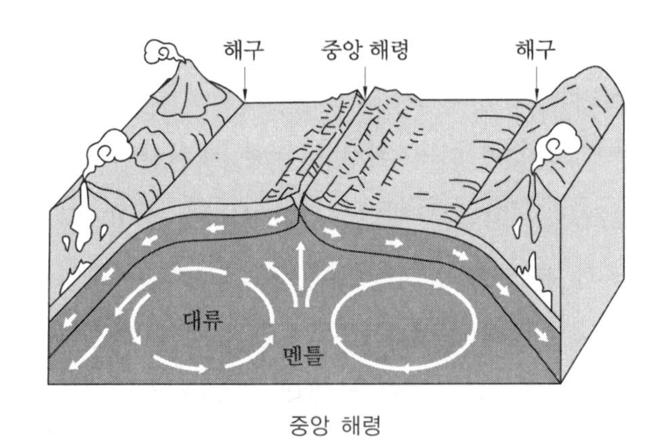

중앙 해령

지금 떨어져 있는 대륙의 암석에서 그 자극의 이동 경로를 조사해 보면 역시 대륙에 따라 제각각이다. 한 지구상에서라면 그럴 리가 없어야 한다. 그래서 이들 대륙이 옛날에는 하나였다고 위치를 비켜 놓아 보면, 자극이 한 곳으로 일치한다.

1956년에는 역시 고자기를 단서로 인도 대륙의 위치 변화가 조사되었다. 그에 의하면, 현재 북위 19도에 위치하는 폼페이(Pompeii) 시가 약 1억 5천 년 전의 쥐라기(Jurassic)에는 남위 44도에 위치했던 것을 알았다. 그러니 1년 동안에 수 센티미터의 속도로 북쪽으로 이동한 셈이 된다.

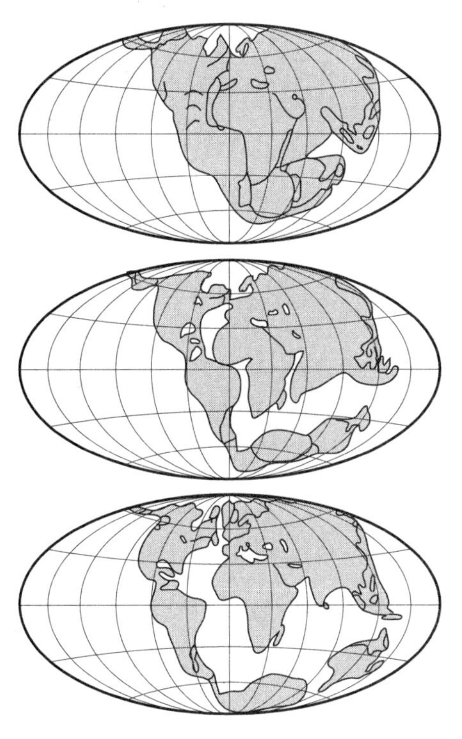

베게너의 대륙이동설에 의한 대륙 이동의 추정도

이와 같은 여러 사실을 감안할 때, '대륙이동설'은 확실한 것으로 믿게 되었다.

그리고 해령에서 솟아나와 양쪽으로 펴져 나간 해저의 팔(plate)이 대륙 밑으로 끼어든다는 이론(platetectonics)이 제기되었다. 이 이론에 의해서 해구(海溝, submarine trench)라는 깊은 바다가 형성되는 원인과 대지진이 발생하는 메커니즘도 점차 밝혀졌다.

아마도, 베게너는 지금도 그린란드의 설원 속에서 1930년에 입고 갔던 그 복장 그대로 잠들어 있을 것이다. 그리고 그 혼은 자기의 주장이 옳았다는 것이 점차 증명되는 것을 보고 기뻐할 것이다.

유전학의 선구자 멘델과 모건

완두꽃과 초파리로 뜻을 이루다

멘델과 유전

서양 속담에 "오이 줄기에 가지가 열릴 리 없다"라는 말이 있다. 오이씨를 뿌리면 오이 싹이 돋고, 그것이 줄기로 자라 오이가 열린다. 결코 가지가 열리지 않는다.

마찬가지로 흰자위와 노른자위로 구성되어 있는 알도 달걀에서는 닭이 태어나고 오리알에서는 오리가 태어난다. 왜 달걀에서 오리가 태어나거나 오리알에서 병아리가 태어나는 일은 결코 없는가. 달걀 속에 작고 작은 닭의 미니어처(miniature)가 있어서 그것이 자라 닭이 되는 것일까, 아니면 닭이 되는 설계도 같은 것이 있어서 그 설계도에 따라 흰자위와 노른자위가 닭을 만들어 내는 것일까.

옛날에는 알 속에 미니어처 모형이 있다고 생각한 사람도 있었지만 지금은 설계도 같은 것이 있다는 것을 알게 되었다.

그런데, 같은 오이일지라도 줄기가 자라서 버팀목을 타고 위로 뻗어 올라가는 품종이 있는가 하면, 지면에 뻗는 품종도 있다. 이와 같은 특징도 조상의 오이에서 자식 오이로 전승된다. 이처럼, 조상의 생김새와 성질이 자손에게도 전승되는 것을 유전(遺傳, heredity)이라고 한다. 그러므로 오이 줄기에 가지가 열리지 않는다는 것은 옛사람들이 유전에 관해서 한 말이라고 볼 수 있다. 유전은 인간 역시 마찬가지이다. 자식에게는 아버지와 어머니라는 두 어버이가 있다. 그러므로 자식이 이어받는 유전은 양친으로부터 받게 된다.

지금 우리 앞에 같은 종류의 식물임에도 붉은꽃이 피는 것과 흰꽃이 피는 것이 있다고 치자. 그 둘을 교배하면 어떤 색깔의 꽃이 태어날까. 부모의 성질을 절반씩 이어받아 중간 색깔인 분홍색 꽃이 피게 될 것이라고 생각한 시대도 있었다.

하지만 오랜 관찰 결과, 그러하지 않다는 것을 증명한 사람이 있었다. 그가 바로 오스트리아의 박물학자 그레고어 요한 멘델(Gregor Johann Mendel, 1822~1884)이다.

멘델과 완두꽃

멘델은 1822년 7월 20일, 오스트리아공국(지금의 체코공화국) 실레시아(Silesia)의 하인젠도르프 벨 오드라우(Heinzendorf bel

Odrau)라는 곳에서 태어났다. 우리나라는 이 해가 조선조의 순조(純祖) 22년으로, 김대건 신부 등이 태어났고, 국제적으로는 브라질이 포르투갈로부터 독립한 해이다.

멘델은 선생이 되기 위한 시험에 세 번이나 응시했으나 끝내 합격하지 못했다. 그러니 수재(秀才)는 아니었던 것 같다.

그러나 그는 끊임없이 노력하는 부지런한 품성을 가진 사람이었다. 수도원의 목사가 되어, 수도원 정원에 완두콩을 기르면서 8년간이나 계속 관찰했다. 그리하여 마침내 유전의 법칙을 발견했다.

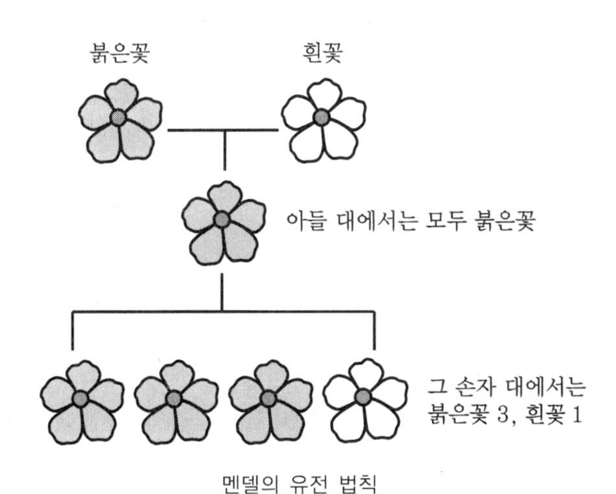

멘델의 유전 법칙

붉은꽃과 흰꽃을 교배시키면 분홍색 꽃을 피우는 자식이 태어나는 것이 아니라 제1대, 즉 바로 다음 대에는 모두 붉은꽃이 태어난다는 것이다. 그러면 흰꽃을 피우는 성질은 어떻게 되었을까? 소명되었는가? 그렇지는 않다. 그 다음 대, 즉 손자 대가 되면 붉은꽃을 피우는 것이 3이고 흰꽃을 피우는 것이 1의 비율로 태어난다는 것이다.

이것은, 붉은꽃을 피우는 설계도와 흰꽃을 피우는 설계도가 따로따로 있어서, 혼합해 분홍색을 피우는 설계도가 만들어지는 것은 아니라는 것을 명시한다. 그리고 붉은꽃을 피우는 설계도가 흰꽃을 피우게 하는 설계도보다 힘이 강하므로 아들 대에서는 붉은꽃만 핀다.

그러나 손자 대에 이르면 힘이 4분의 1밖에 되지 않는 약한 쪽의 설계도도, 나도 결코 영원히 폐기된 것은 아니라고 관여해 흰꽃을 피우게 된다고 보면 적절한 것 같다.

1865년, 멘델은 브륀(Brünn) 시의 자연과학연구회에서 이 내용을 발표했다. 그러나 모두 묵묵히 들어 주었지만 누구 한 사람도 질문하지 않았다. 즉, 납득시키지 못했던 것이다. 안타까웠지만 어쩔 수 없었다.

그래서 멘델은 "식물 잡종의 실태"라는 유인물을 만들어 대학과 연구소 등 120곳에 발송했다. 그러나 역시 아무런 반응도 얻지 못했다. 8년 여의 노력이 보람 없이 사장되게 생겼으니 좌절감이 컸을 것이다. 그리하여 혼자 외롭게, 1884년 1월 6일 브륀에서 생을 마감했다.

후임 수도원장은 멘델의 미발표 논문과 관찰 노트를 모두 소각했다고 한다. 그것은 유전학의 큰 손실이었다.

생존하는 동안 햇빛을 보지 못한 멘델의 업적이 햇빛을 보게 된 것은 그의 사후 16년, 최초의 논문에서 35년이 지나 20

세기의 막이 오른 1900년이 되어서였다.

모건과 돌연변이

멘델이 최초의 논문을 발표한 바로 그해, 멀리 떨어진 미국 켄터키(Kentucky) 주 렉싱턴(Lexington)에서 한 아기가 어머니 뱃속에 자라고 있었다. 이 태아야말로 멘델의 유전학에 날개를 달아 준 토머스 헌트 모건(Thomas Hunt Morgan, 1866~1945)이었다.

그레고리 요한 멘델

토머스 헌트 모건

"오이 줄기에 가지가 열릴 리 없다"는 말과 함께, "솔개가 매를 낳았다"는 속담도 있다. 평범한 부모에게서 영재가 태어날 수도 있다는 의미이다. 이와 같은 현상을 유전학에서는 '돌연변이'라고 한다. 유전자 속에 무언가 변화가 생겼다는 뜻이다. 사실 토머스 헌트 모건은 어떻게 보면 이 돌연변이적 현상으로 모건 집안에 태어났다고 볼 수 있다.

토머스가 출생한 1866년은 미국의 남북전쟁이 끝난 바로 다음 해이다. 그리고 토머스의 큰아버지인 존 헌트 모건(John Hunt Morgan)은 '남부의 천둥 · 벼락'이란 별명이 붙은, 북군이 두려워한 남국의 군인이었고, 아버지 찰튼 헌트 모건(Charlton Hunt Morgan)도 마찬가지로 남군의 용맹한 군인이었다. 그뿐만 아니라 작은아버지 토머스 헌트 모건까지도 용감하게 싸우다 전사한 군인이었다. 그래서 아버지는 새로 태어난 아들에게 슬기롭고 용감한 사나이가 되라는 의미에서 전사한 아우의 이름을 물려주었다는 것이다.

하지만 토머스 소년은 돌연변이적으로 군인 체질의 소년은 아니었다. 어릴 때부터 곤충 잡는 것을 즐겨, 다락방에는 곤충 사체와 돌멩이, 화석으로 가득 찼다고 한다. 토머스의 여동생 넬리는 줄곧 그 집에 거주했지만 다락방의 오빠 컬렉션을 계속 그대로 보존했다고 한다.

16세에 켄터키 주립대학에 들어가고, 거기서 크랜들이라는 유명한 박물학 선생을 만나 토머스의 일생 방향이 정해졌다. 그리고 1890년 20세에 존스 홉킨스(Johns Hopkins)에 들어가 자신의 실험적 연구를 시작했다. 24세에 박사, 이어서 브린모어(Bryn Mawr) 여자대학 교수가 되어 연구 외길의 인생 행보를 시작했다.

'초파리방'의 연구자

모건은 교수이면서도 교수 같지 않았다. 후배들에게는 "수업은 대충대충 하라"든가 "너무 성실하면 학부장으로 임명될 걸세" 등, 유머를 섞어 어드바이스를 했다. 또 모건 자신이 곧잘 수업에 지각하거나 땡땡이를 치기도 했다고 한다.

그는 대학교수의 본업은 수업에 있는 것이 아니라 연구에 있다는 사고였지만 그래도 학생들은 그의 지식과 정열에 매료되어 따랐다.

모건의 연구실에서는 많은 우수한 인재가 배출되었지만 모건은 젊은이들에게 명령하거나 선생 행세를 하는 일은 전혀 없었다. 찾아오는 사람은 모두 받아들이는 포용력 있는 사람이었으므로 이러한 점에서는 '남부의 천둥 · 벼락'이었던 큰아버지의 유전자를 물려받았다고 하는 사람도 있다.

모건은 후년, 자기의 성공 요인으로 네 가지를 들었다. 운이 좋았고, 좋은 실험 생물을 만났으며, 무엇이든 속속들이 알려고 덤비는 성질, 그리고 부지런함이었다.

이 중에서, 두 번째로 든 좋은 실험 생물이란, 초파리(*Drosophila*)를 말한다. 초파리는 일반 가정의 주방에서도 과일 껍질 같은 것을 두면 어느 사이 날아드는 작은 파리를 이른다. 기르기 쉽고, 번식도 빨라 유전 연구에는 안성맞춤의 생물이다.

그래서 모건의 연구실은 별칭 '초파리방(Fly Room)'으로 불리었다. 또 모건은 태생적으로 꾸밈없는 사람이어서, 혁대가 보이지 않으면 눈에 보이는 아무 끈으로나 바지를 질끈 동여매기도 하고, 단추가 떨어져 나간 옷을 스스럼없이 걸치고 다녀 가끔 청소부로 오인받기도 했다.

실험을 마친 파리 사체도 그냥 방치했으므로 곰팡이가 슬고, 책상 서랍을 열면 바퀴벌레가 우글거려, 실험실을 방문한 사람은 그 악취에 머리가 띵했을 정도였다고 했다.

그러나, 그 '초파리방'에서 유전학을 확립하는 연구가 속속 결실을 맺었다. 멘델의 법칙의 확인, 유전물질(유전자)의 존재 확인, 염색체상의 유전자 배열, 성 결정의 전말 해명 등등이 모두 이 '초파리방'에서 이루어졌다.

1933년 모건에게 노벨 의학·생리학상이 수여되었다. 그러나 모건은 공식 수상식에는 참석하지 않았다. 여행을 가는 길에 받으면 된다고 생각했던 것 같다. 연구 이외에는 명예도 지위도 안중에 없었던 그는 1945년 12월 4일, 제2차 세계대전이 끝난 해에 79세로 세상을 떠났다.

런던왕립협회에 군림한 조지프 뱅크스

어릴 적 꿈을 실현시키다

그 유명한 아이작 뉴턴(Isaac Newton, 1642~1727)은 런던왕립협회(London Royal Society) 회장직에 24년간(1703~1727)이나 재직했으며, 그 직위를 유지한 상태로 84세에 천수를 다했다. 정해진 임기도 정년의 규정도 없었다고는 하지만 용하게도 그토록 80세가 넘도록까지 아무런 문제 없이 회장직에 재직했다는 것은 영국 과학계에 군림한 대물리학자 뉴턴의 위상과 권위를 새삼 실감하게 한다.

조지프 뱅크스

하지만 뉴턴의 재임 기간을 크게 18년이나 갱신하는 인물이 나타났다. 여기서 소개하려는 주인공 조지프 뱅크스(Joseph Banks, 1743~1820)가 그 주인공이다. 뱅크스는 1778년 불과 35세의 젊은 나이에 왕립협회 회장에 취임해 생을 마감하는 1820년까지 42년간에 걸쳐 그 직책을 이어 왔다. 이는 인생의 절반 이상을 그 직에 머문 셈이 된다.

후에 영국왕립연구소의 소장을 역임한 홀랜드가 회상록에서 만년의 뱅크스의 모습을 기록으로 남겨 놓았다.

그에 의하면 소호 스퀘어(Soho Square: 런던에 있던 지난날의 고급주택 지역)의 사저에 모인 왕립협회의 저명한 과학자들에 둘러싸인 뱅크스는 왕립협회를 좌지우지하는 독재자의 모습이었으며, 품격이 매우 위풍당당했다고 한다.

이토록 오랫동안 영국 과학계를 이끌어 온 뱅크스는 막대한 자산을 배경으로 과학을 즐긴 사람이었다. 식물학의 매력에 흠뻑 빠져 스스로 대항해를 통해 비경(秘景)과 미개지의 식물을 찾아 나선 대단한 수집가였다.

20세의 대부호

뱅크스는 프랑스의 화학자 앙투안 라부아지에(Antoine Laurent Lavoisier, 1743~1794)보다 반년 빠른 1743년 2월 13일 런던에서 태어났다. 아버지가 링컨셔(Lincolnshire) 지방의 대지주로 영국 의회의 하원의원이라는 유복한 가문 출신이다. 그러한 계층의 자제에 걸맞게 뱅크스는 명문 퍼블릭 스쿨(1752년 해로 스쿨[Harrow School]에 입학해 4년 후 이튼 스쿨[Eton

College] 옮겼다)을 거쳐 1760년 옥스퍼드에 진학했다.

일반적으로 역사상의 인물에는 그 후의 활약을 암시하는 젊은 날의 에피소드가 따르기 마련인데, 뱅크스의 경우에도 이미 10대 중반에 자신이 나아갈 길을 예감한 모습을 암시하는 이야기가 남겨져 있다. 출처는 그의 친구였던 홈 경이 1822년(뱅크스 사후 2년째)에 행한 강연이다. 그 강연에서 홈 경은 다음과 같이 먼 옛날의 한 장면을 소개했다.

15세가 된 뱅크스 소년은 어느 여름날 친구들과 함께 수영하러 갔다가 오는 길에 돌연 들판에 피어 있는 꽃의 아름다움에 마음이 쏠려 장승처럼 그 자리에 우뚝 서서 움직이지 않았다. 그때 그는 이와 같은 자연의 창조물이야말로 자기가 배워야 할 것이라는 하늘의 계시를 받았던 것이다. 아버지의 지시에 따라 배워 온 그리스어와 라틴어보다도 식물에 대해 더 자세히 알아야겠다고 생각하기 시작했다. 인생에 즐거움과 만족감을 충족시켜 줄 수 있는 것은 식물학이라고, 소년은 자신의 장래를 예견한 것이다.

하지만 굳이 옥스퍼드에 입학했지만 대학은 뱅크스의 기대에 부응해 주지 못했다. 식물학을 담당할 것으로 기대했던 지브소프 교수가 강의를 하지 않았기 때문이다. 그러나 역사에 이름을 남길 만한 인물은 이만한 일에 좌절하지 않았다.

교수 등을 상대로 하지 않고, 뱅크스는 우선 스스로 리더십을 발휘해 옥스퍼드에 각종 동호회(同好會)를 설립했다. 예를 들면, 화석연구회, 식물연구회, 골동품클럽 등이었다. 이러한 자리를 통해 같은 취미의 동료들과 대화함으로써 대학의 교육 과정(curriculum)과는 별도로 기호하는 식물학을 혼자 습득해 나갔다.

또 옥스퍼드에서는 불가능할 것으로 체념한 뱅크스는 케임브리지에서 식물학의 전문가를 직접 초빙해 개인 지도를 받기로 했다. 초빙된 사람은 젊은 식물학자인 이스라엘 라이언스(Israel Lyons Jr., 1739~1775)였다. 물론 이를 위한 비용은 전액 뱅크스의 사비로 지불되었다.

옥스퍼드에 입학한 다음 해, 즉 1761년에 아버지가 유명을 달리하고, 성인에 이른 1764년에 유산을 상속받은 뱅크스는 불과 20세에 이미 영국에서 손꼽히는 대부호가 되었다. 그의 연수입은 적은 경우에도 6천 파운드, 많은 경우에는 3만 파운드에 이르렀다고 한다(소작료, 땅값, 삼림자원에서 얻는 수입 등이 주요 수입원이었다).

참고로, 19세기 초반 영국에서 연수입이 5천 파운드를 넘는 유복한 특권 계층은 전체 인구의 불과 0.02퍼센트, 500여 세대에 불과했다(나가시마 신이치[長島伸一] 저, 『세기 말까지의 대영제국』, 일본 호세이대학출판국). 이 숫자만으로도 뱅크스가 얼마나 부자였는지 상상할 수 있다.

사정이 이러했으므로 선호하는 학문을 위해서라면 케임브리지에서 일류 학자를 가정교사로 초빙하는 것쯤 뱅크스에게는 식은 죽 먹기였다.

왕립협회 회원

이렇게 되자 이제 더 이상 뱅크스로서는 옥스퍼드에 머물러 있을 필요가 없게 되었다. 그래서 그는 대학 생활을 청산하고 1764년 런던으로 돌아왔다.

그가 돌아오기 5년 전, 1759년 1월에 런던에서는 국왕의 시의(侍醫)이며 박물학 컬렉터로서 유명한 한스 슬론(Hans Sloane) 경이 남긴 방대한 수의 표본을 바탕으로 대영박물관(처음에는 몬터규[Montagu] 후작의 저택이 사용되었다)에 개설되었다. 곧바로 박물관에 즐거운 자리를 발견한 그는 그곳에서 스웨덴의 박물학자인 대니얼 솔랜더(Daniel Solander; 두 사람은 수년 후 세계 항해에 동반하게 되었다)를 만났다.

솔랜더는 생물의 분류법 도입으로 알려진 스웨덴의 카를 폰 린네(Carl von Linne, 1709~1778)의 문하생으로, 1763년부터 대영박물관의 표본 정리와 목록 작성에 관여하고 있었다. 뱅크스는 솔랜더의 일을 돕게 되어 두 사람의 친교는 날이 갈수록 깊어졌다.

대영박물관을 하나의 기반으로 삼아 뱅크스는 서서히 영국 과학계에 그 존재가 알려지게 되었다. 그리고 아버지로부터 물려받은 상류 계급의 넓은 인맥과 타고난 행동력이 빛을 발휘해 1766년 5월에는 23세란 젊은 나이에 왕립협회 회원으로 천거되었다.

이 시점에서는 아직 과학상 아무런 업적도 없었음에도 불구하고 뱅크스에 대한 추천장에는 '박물학, 특히 식물학, 기타 분야의 문헌에 정통하며 선출된다면 틀림없이 유력한 회원이 될 것이다'라는 절대적인 찬사가 곁들여졌다(H. B. Carter, *Sir Joseph Banks: 1743~1820*, British Museum, 1988). 예리한 지성과 왕성한 지적 호기심에서 힘차게 솟아나오는 뱅크스 청년의 매력과 박력에 대해, 말하자면 선행(先行) 투자하는 형태로, 왕립협회의 인사들은 대부호인 젊은이를 흔쾌히 그 멤버로 영입하는 결단을 내린 셈이다.

어쨌든, 뱅크스에 대한 왕립협회의 선행 투자가 결코 허사가 아니었다는 사실은 그리 멀지 않아 증명되었다.

최초의 항해

솔랜더의 지도를 듬뿍 받아 데스크 워크(desk work)를 충분히 쌓은 뱅크스는 드디어 필드(field) 조사에 나가고 싶어졌다. 생래의 모험심이 작동하기 시작한 것이다. 마침 그 무렵 바라지도 않던 기회가 닥쳐왔다.

1766년 4월, 영국의 프리게이트(frigate) 함 '니제르(Niger)호'(애덤스[Thomas Adams] 선장)가 어업(漁業) 조사를 위해 뉴펀들랜드 래브라도(Newfoundland and Labrador; 캐나다 동부)를 향해 출범했다. 이때 뱅크스는 이른바 번외의 승무원으로서

심부름하는 조수 한 사람을 거느리고 항해에 참가했다.

처음으로 대서양을 넘는 뱅크스에게 뉴펀들랜드 래브라도 일대는 바로 꿈의 대지였다. 그는 식물, 조류, 해양생물, 광물 등의 표본 채집에 열중했다.

귀로에 니제르 호는 폭풍우를 만나 종자와 산 식물은 그 태반을 잃어버렸지만 그래도 뱅크스는 건조시키거나 알코올에 담구거나 해서 적지 않은 수의 표본을 갖고 1767년 1월에 영국으로 돌아왔다. 왕립협회의 젊은 신출내기 회원은 귀중한 '선물'을 가져옴으로써 자신에 대한 추천장이 옳았다는 것을 우선 증명한 셈이다.

캡틴 쿡

하지만 니제르 호의 항해는 어쩌면 연습에 불과했다. 뉴펀들랜드 래브라도에서 돌아온 다음 해(1768년) 8월 뱅크스는 캡틴 쿡(Captain Cook), 즉 제임스 쿡(James Cook, 1728~1779) 선장이 인솔하는 '인데버(Endeavour) 호'에 승선해 세계 주항(世界周航)을 떠나게 되었다.

당시 영국이 이처럼 원대한 계획을 실행한 것은 금성(金星)의 태양면 통과라는 진귀한 천문 현상을 관측하기 위한 학술적 목적에서였다. 18세기 초반(뉴턴이 왕립협회를 총괄하던 시기) 혜성의 궤도 계산으로 유명한 에드먼드 핼리(Edmond Halley,

1656~1742)가 1769년에 천문 쇼가 일어난다는 것을 예언했다. 그리고 금성이 태양을 가로지르는 시간을 측정함으로써 태양의 시차(視差)를 정확하게 구할 수 있다고 제언했다.

다음 번 같은 현상이 관측되는 것은 1세기 후가 되므로 왕립협회는 1769년을 천재일우의 기회라 생각해 관측 조건이 가장 적합한 남태평양으로 원정대의 파견을 국왕 조지 3세에게 요청했다. 과학에 대한 이해가 깊었던 국왕이 이를 받아들여 무려 3년에 이르는 항해 준비가 시작되었다.

이 계획을 전해 들은 뱅크스는 천문학뿐만 아니라 식물학에서도 좀처럼 만나기 어려운 기회가 왔다고 판단했다. 지구의 반대편에 위치하는 밟아 보지 못한 땅에서 새로운 종(種)의 식물을 광범위하게 탐구할 수 있다는 것은 생각만 해도 가슴이 뛰었다.

이렇게 되자 잠시도 지체할 수 없었다. 뱅크스는 즉시 원정대에 편승해 참가할 것을 왕립협회에 청원했다. 다만 자신을 포함한 식물학조사대의 경비는 전액 사비로 담당하겠다고 제안했다. 큰 부자(富者)인 젊은이는 처음부터 국비에 의존할 생각은 추호도 없었다.

이미 뉴펀들랜드 래브라도로의 항해 실적을 통해 탐험가, 식물학자로서의 실력을 평가받은 뱅크스는 그의 희망이 받아들여져 참가가 승인되었다.

이때 뱅크스가 개인적으로 인솔한 인원은 총 아홉 명에 이르렀다. 과학자는 그 자신과 솔랜더 두 사람, 그리고 화가 두 사람(카메라도 비디오도 없던 시대, 화가는 귀중한 표본을 기록하는 중요한 역할을 했다), 비서 한 명, 하인 네 명의 일행이었다. 또 조사에 필요한 각종 기재와 학술 서적도 갖추어 준비했다.

인데버 호가 출항하기 직전 왕립협회 회원인 앨리스는 뱅크스 일행의 모습을 스웨덴의 린네에게 다음과 같이 보고했다.

> "박물학 조사를 목적으로 과거 이토록 충실하게 장비를 갖추어 바다를 건넌 인물은 없었습니다. 솔랜더의 이야기에 의하면 이 탐험 여행을 위해 뱅크스 씨가 지출한 금액은 1만 파운드에 이른다고 합니다."

인데버 호의 항로

1768.	8. 25	플리머스 출항
	9.13~9.19	마데이라(Madeira) 제도
	11.13~12.8	리우데자네이루
1769	1.15~1.20	티에라 델 푸에고 섬(Tieera del Fuego: 남미 대륙의 남단)
	4.13~8.15	소시에테(Société) 제도(폴리네시아)
	10.8~1770.3.31	뉴질랜드
1770	4.27~8.25	오스트레일리아 동안(東岸)
	9.17~9.21	사바(Saba) 섬(티모르 섬의 서쪽)
	10.2~12.27	자바(Java) 섬
1771	1.5~1.15	프린세스(Princess) 섬(수마트라 섬과 자바 섬 사이)
	3.15~4.14	희망봉
	5.1~5.4	세인트 헬레나(Saint Helena) 섬
	7.12	다운즈 귀항

이렇게 해서 1768년 8월 25일, 뱅크스 일행이 승선한 쿡 선장의 인데버 호는 플리머스(Plymouth) 만을 떠나 대서양을 남하했다.

세계 주항(周航)

인데버 호가 기항한 곳마다 뱅크스와 솔랜더는 표본 채집에 정성을 다하고, 채집된 표본은 두 사람의 화가(파킨슨과 바칸)에 의해서 스케치되고, 그것을 뱅크스와 솔랜더가 린네식 분류법에 따라 명명했다.

그러나 표본의 수가 너무 방대했기 때문에 화가들은 연일 작업에 혹사당했다. 그리하여 불행하게도 바칸은 1769년 4월 17일 타히티에서, 또 파킨슨은 1771년 1월 26일 인도양 상에서 병사했다. 이들 외에 비서와 하인 두 사람도 항해 중에 사망해 결국 뱅크스 일행 아홉 명 중 네 사람만이 귀국했다.

희생자는 뱅크스 일행에게만 발생한 것이 아니었다. 쿡의 부하 중에서도 부관인 힉스(Hicks)를 비롯해 많은 사상자가 나왔다. 이처럼 18세기 후반의 대항해는 목숨을 건 가혹한 행위에 다름없었다.

이와 같은 희생에도 불구하고 인데버 호의 최대의 목적이었던 금성의 태양면 통과 관측에 성공하고, 많은 지리학상의 성과도 거두어 개선했다. 당시 뱅크스가 갖고 온 식물 표본의 수는 신종 식물 1,400여 종을 포함해 무려 3만 종을 넘었으며, 포유류 5종, 조류 107종, 어류 248종, 절족동물 370종, 연체동물 206종, 극피동물(棘皮動物) 6종, 원색동물(原索動物) 9종, 해파리류 30종에 이르는 다채로운 것이었으며, 이들 표본은 현재도 대영박물관에 수장되어 있다.

또 항해 중에 객사한 시드니 파킨슨(Sidney Parkinson)이 그린 식물화 942매(완성품 269매, 미완성품 673매)는 18권의 책에, 동물화 268매(기타 바칸이 그린 30매도 보태진)는 3권의 책에 각각 수록되어 역시 대영박물관의 귀중한 재산으로 수장되었다.

세계 일주에서 귀국한 다음 해(1772년) 7월 12일, 캡틴 쿡은 다시금 두 번째 항해에 나서 플리머스 항을 출범했다. 같은 날, 뱅크스는 서 로렌스(Sir Lawrence) 호(헌터 선장)를 대절해 이번에도 솔랜더와 같이 팀을 편성해 반년에 이르는 아이슬란드 탐험에 나섰다.

그러나 뱅크스에게는 이것이 최후의 항해였다. 그 후에 그는 탐험에서 깨끗이 발을 씻고, 런던의 저택을 거점으로 삶을 다할 때까지 약 반세기 동안 생활을 계속했다. 그렇다고 해서 표본 채집에 대한 열정이 식은 것은 결코 아니었다. 몸소 바다로 나가는 대신에 세계 각지에 많은 식물학자를 파견해 진귀한 식물을 채집하게 했다.

그런 면에서 보면, 뱅크스는 런던에 뿌리를 박고 정좌해 수족처럼 움직여 주는 채집인을 지휘하면서 오로지 수집가로서의 성과를 즐기는 취미인이었다고 할 수 있다.

그것이 현대였다면 가만히 앉아서 전 세계의 정보를 수집하는 것도 가능하겠지만 통신위성이나 인터넷은 물론 전화와 팩시밀리도 없고 국제적인 우편망까지 충분히 확립되지 못했던 시대에 뱅크스는 런던의 자택을 세계의 식물학계 사령부로 삼아 왕성하게 활동했다.

이와 같은 활동이 가능했던 것은 무엇보다 본인의 자질이 그 밑바탕의 원동력으로 작용해서였겠지만 많은 재력과 그 재력이 뒷받침한 상류 사회에서의 폭넓은 인맥에 힘입은 바 크다.

영국 국왕 조지 3세

그것을 뒷받침한 것은 뱅크스와 국왕 조지 3세와의 친밀한 교류였다. 1714년 영국에서는 여왕이 사망하자 3세기에 걸친 스튜어트 왕조가 단절되고 대신해서 인척 관계인 독일의 조지 1세(하노버 선제후)가 새로운 국왕으로 영입되었다. 그러나 독일 사람이었으므로 영어가 불가능하고 영국의 문화에도 생소했기 때문에 국정은 대부분 수상에게 일임하고 자주 영국을 떠나 하노버(Hanover)에 머물렀다고 한다.

어떻든, 말도 서로 잘 통하지 않는 외국인을 자기 나라의 왕으로 모신 국민 감정을 우리 동양 사람들은 이해하기 어렵지만 혈연 관계가 복잡하게 얽힌 유럽의 궁정에서는 이러한 예가 희귀하지도 않았다. 다음에 즉위(1727년)한 조지 2세도 역시 독일 태생으로 영어는 가능했지만 영국과 관련해서는 선대와 마찬가지도 거리를 두고 있었다.

이러한 하노버 왕조에서 최초로 영국에서 태어나 국왕이 된 왕이 조지 2세의 손자인 조지 3세(재위 1760~1820)였다. 하노버 왕조는 3대에 이르러서야 겨우 영국에 뿌리를 내렸다.

이 3대째의 조지 3세와 뱅크스가 처음 만난 것은 캡틴 쿡의 제1회 세계 항해에서 귀국해 얼마 지나지 않은 1771년 8월이었다. 남반구에서 산더미 같은 표본을 갖고 온 젊은 식물학자는 왕립협회장인 프링글(John Pringle: 왕실의 시의)을 통해 조지 3세를 알현하는 행운을 얻었다. 이것을 계기로 원예를 즐기는 33세의 국왕과 28세의 식물학자는 곧바로 의기투합했다. 그리하여 첫 대면에서 벌써 두 사람은 남태평양에서 가져온 진귀한 식물을 큐(Kew)왕립식물원에 이식하는 계획을 논의했다. 의견이 맞아 떨어져 뱅크스는 1772년에 큐식물원의 고문으로 위촉되었다.

왕립연구소의 창설

1799년 3월 7일, 소호 스퀘어의 뱅크스 저택에는 많은 귀빈이 모여들었다. 그중에는 신성로마제국(독일)의 귀족인 럼퍼드 백작의 모습도 보였다. 하지만 백작은 독일 사람이 아니었다.

본래 이름은 벤저민 톰슨(Rumford Benjamin Thompon, 1753~1814)이라 하여, 미국이 독립을 선언한 1776년에 영국으로 망명해 온 미국의 군인이었다. 당시 신대륙(미국)에서는 식민지 사람들과 영국 본토와의 대립이 격화일로를 치닫고, 독립운동의 기운이 거세지고 있었다. 그러한 와중에서 소위 '왕당파'라 해서 본국의 입장을 지지하는 그룹에 속한 톰슨은 워싱턴이 통솔하는 식민지군의 정보를 영국군에 흘렸다. 쉽게 말해서 스파이였다.

그런 만큼 영국군의 형세가 불리하게 전개됨에 따라 톰슨의 신변에도 위험이 커져 갔다. 그래서 기회를 엿보는 데 남다른 왕당파의 젊은이는 현지의 영국군 사령관에게 "그는 국왕에게 충성을 다했다"는 인증을 받은 서찰을 가슴에 품고 런던으로 도망 온 것이다.

런던에 나타난 톰슨은 군무(軍務)의 체험에서 얻은 지식을 살려, 영국에서는 화약 연구에 관여했다. 원래 과학 애호자였던 취미도 곁들여 그의 연구는 높게 평가받는 성과를 거두었고, 1779년에는 뱅크스가 회장으로 재직하는 왕립협회의 회원으로 영입되었다. 1783년에 이번에는 유럽 대륙으로 건너가자 톰슨은 거기서도 타고난 재능을 군정면(軍政面)에서 발휘해 바바리아(Bavaria) 국왕의 깊은 신망을 얻었다. 그리하여 마침내 1792년, 신성로마제국의 귀족 럼퍼드 백작이 되었다. 뛰어난 능력으로 다방면에 걸쳐 눈부신 수완을 발휘한 천하 풍운아의 활약상이었다.

그의 활동은 과학 분야에서 계속 이어졌다. 럼퍼드는 1798년, 왕립협회 잡지에 「마찰에 의한 열의 발생에 대하여」란 제목의 논문을 발표해, 열의 본성은 물질을 구성하는 입자의 운동이라고 하는 설을 발표했다. 이 아이디어는 19세기에 들어오자 에너지 보존의 법칙의 확립과 열역학의 체계화로 이어졌다.

럼퍼드의 정력적이고 광범위한 활동은 과학 진흥에도 한 몫했다. 그 하나가 '럼퍼드 메달'이라는 포상 제도를 마련한 것이다. 1796년에 럼퍼드는 뱅크스를 통해 왕립협회에 1천 파운드의 기부를 제안했다. 그 돈을 기금으로 연 3퍼센트의 이자를 갖고 2년에 1회 열 또는 빛의 연구로 우수한 업적을 거둔 과학자에게 60파운드 상당의 메달을 수여하는 구상이었다.

럼퍼드가 제안한 또 하나의 과학진흥책으로는 새로운 연구기관의 창설이 있다. 그것은 '대영제국 수도에 지식을 보급하고, 유용한 기계의 발명과 개량을 촉진하며, 학술 강연과 실험을 통해 과학을 일상생활에 기여하게 하는 것을 목적으로 하는 공공기관을 기부금으로 설립한다'는 취지의 구상이었다 (G. Caroe, *The Royal Institution*, John Murray, 1985). 앞에서 소개한 뱅크스 저택에서의 귀빈들의 모임도 사실은 럼퍼드가 제창한 기관을 실현하기 위한 발기인 모임 같은 것이었다. 이렇게 되자 영국 사회에서 뱅크스만큼 의지할 사람이 없었다. 무엇보다 그는 국왕의 친구였으니까.

뱅크스는 서둘러 독지가로부터 기부금을 거두고, 조지 3세로부터 연구소 설립의 칙허(勅許)를 받았다. 그리하여 일이 순조롭게 진척되자 알베마르르가에 소재한 광대한 건물을 매수해 거기에 '왕립연구소'를 탄생시켰다.

처음에는 다소 다툼도 있어 뱅크스의 골머리를 썩히게도 했지만 험프리 데이비(Humphry Davy, 1778~1829)가 교수로 취임하고부터 왕립연구소는 융성일로를 걸어, 19세기 과학을 대표하는 연구기관으로 발전했다.

데이비는 전기 분해에 의한 알칼리 금속원소의 발견으로 역사에 이름을 남긴 동시에 강연의 명수로도 알려졌다. 달콤한 구변으로 알기 쉽게 설명하는 미남 교수의 공개 강좌에는 화려하게 차려 입은 귀부인들을 비롯해, 매회 왕립연구소의 강당을 메울 만큼 많은 청중이 모여들었다고 한다.

럼퍼드의 구상과 국왕을 움직인 뱅크스의 후원이 데이비의 등장을 계기로 결실을 맺었다. 후일담까지 소개하면, 1820년 뱅크스가 사망했을 때 왕립협회의 다음 회장으로 추천된 사람은 바로 데이비였다.

뱅크스의 유언

뱅크스는 개인적으로 눈여겨본 젊은 과학자의 육성에도 소홀하지 않았다. 그 은총을 받은 대표적인 인물이 오늘날 물에 부유하는 화분(花粉)이 끊임없이 불규칙적인 운동을 한다는 '브라운 운동'의 관찰(1827)과 식물 세포의 핵 발견자(1831)로 알려진 영국의 식물학자 로버트 브라운(Robert Brown, 1773~1858)이다.

브라운은 1773년, 스코틀랜드의 몬트로스(Montross)에서 태어나 에든버러 대학에서 의학을 배웠다. 그 후에 아일랜드의 주둔지에 군의로 근무하는 한편 틈만 나면 식물학에 대한 관심을 높인 것과 관련해 뱅크스를 알게 되었다. 첫 대면에서부터 뱅크스는 브라운의 깊은 학식과 재능을 간파했다.

이 만남을 계기로 브라운은 뱅크스의 추천을 받아 오스트레일리아 탐험에 출발하는 영국 해군 함정에 박물학자로 승선하게 되었다. 그리고 1800년의 크리스마스에 군대를 제대하고, 소호 스퀘어의 뱅크스를 찾아온 브라운은 출범하기까지의 6개월 동안 뱅크스가 채집한 식물 표본과 장서를 교재 삼아 혼자 탐험 준비에 몰두했다.

4년 여에 걸친 항해를 끝내고 약 4,000종의 식물을 갖고 돌아온 브라운은 그 성과를 『오스트레일리아 및 타스마니아의 식물지』(1810)로 발표했다.

이 책이 간행된 해, 오래도록 뱅크스 저택의 사서로 근무했던 요나스 칼슨 드뤼안데르(Jonas Carlsson Dryander, 1748~1810)가 사망했기 때문에 브라운이 그 후임이 되었다. 그리고 이후 10년 동안, 뱅크스가 사망할 때까지 로버트 브라운은 그 직에 머물며 왕립협회장의 오른팔이 되어 공사를 가리지 않고 은인을 도왔다.

1820년 6월 19일, 뱅크스는 임종에 앞서 브라운을 위해 다음과 같은 유언을 남겼다.

> "브라운에게 200파운드의 종신연금을 지급하며, 생애 소호 스퀘어의 저택에 거주하도록 허락한다. 그리고 장서와 수집품을 자유롭게 이용해 면학을 즐기기 바란다."

뱅크스에게는 자식이 없었다. 그런 관계도 있어, 뱅크스는 자식뻘 정도의 나이 차가 나는 브라운에게 자식 같은 애정을 느꼈는지도 모른다. 브라운은 뱅크스의 돈독한 유지(遺志)를 기꺼이 받아들였다. 그리고 1827년에 대영박물관의 식물 부문 책임자로 취임했을 때 그는 소호 스퀘어의 장서와 모든 수집품을 박물관에 기증했다.

수압기의 원리를 발견한 천재

'인간은 생각하는 갈대'로 유명한 파스칼

어린이가 코끼리를 들어 올린다?

자동차 수리 공장 앞을 지나다 보면 커다란 자동차가 둥그런 쇠기둥 하나에 의해서 높이 들어 올려져 있는 모습을 볼 때가 있다. 자동차는 무게도 무척 무거울 터인데 그토록 강한 힘이 어디서 어떻게 생겨난 것일까.

잠깐 다음 그림으로 눈을 돌려 보자. 왼쪽의 큰 피스톤에는 무게가 800킬로그램이나 되는 코끼리가 타고 있고, 오른쪽의 작은 피스톤에는 무게가 고작 4킬로그램인 어린이가 앉아 있다. 그리고 양쪽 피스톤은 가두어진 물이 들어 있는 실린더(cylinder)에 꼭 맞추어져 있어, 아래위로 자유롭게 움직일 수 있다.

그리고 좌・우 양쪽 실린더 아래쪽은 아무런 막힘이 없이 이어져 있다. 이때 양쪽 피스톤 위의 면적 배율이 예컨대 코끼리 쪽이 200인데 비해 어린이 쪽은 1이라고 한다면 양쪽 피스톤은 균형을 이루어 움직이지 않는다.

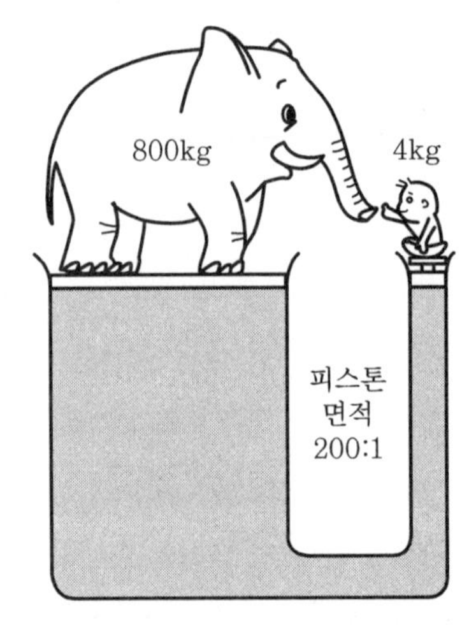

어린이가 코끼리를 들어 올리는 원리

만약에 어린이에게 장난감이라도 들려 준다면 어떻게 될까. 그럴 때는 어린이 쪽이 서서히 내려가고 코끼리 쪽은 위로 올라가게 될 것이다. 그러나 코끼리를 1센티미터 더 높이 올리려고 한다면 어린이 쪽은 200센티미터나 내려가야 한다.

이번에는 다음 그림을 보자. 차체를 들어 올리는 수압기도 사실은 이와 같은 원리를 이용하고 있다. 당연히 실제 수압기는 작은 쪽의 피스톤을 몇 100센티미터나 올리거나 내리는 대신에 펌프식의 밸브(valve)를 사용해서 속에 물을 주입하게 된다.

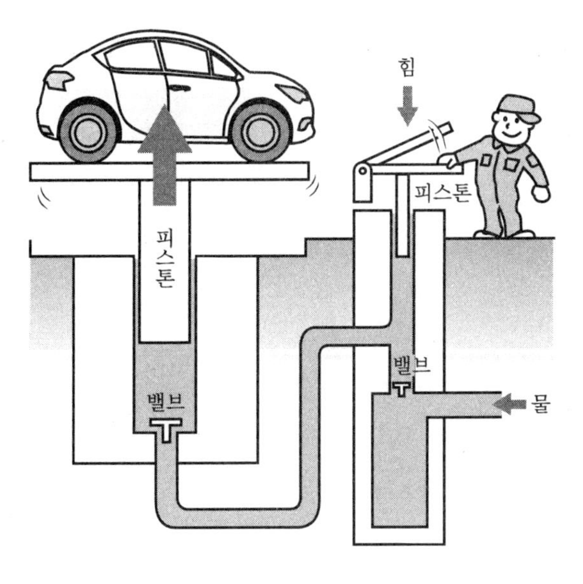

수압기의 원리

이처럼 실린더를 구성하고 있는 재료가 튼튼하다면 작은 힘을 가함으로써 매우 강력한 힘을 낼 수 있다. 오늘날에 이르러서는 비단 자동차뿐만 아니라 각종 기계 공장이나 기관차, 항공기까지도 이 원리를 구사해 프레스(press)하거나 브레이크를 걸거나 하고 있다.

이 수압기의 원리가 '파스칼의 원리(Pascal's law)'로서, "밀폐된 유체에 가해진 압력은 크기가 변함이 없이 유체의 모든 부분에 전달된다"는 내용이다.

압력은 가해진 힘을, 힘이 가해진 면적으로 나누어 나타낸다. 따라서 밀폐된 유체가 들어 있는 실린더 속의 머리 면적이 S_1 제곱센티미터인 피스톤에 P_1이라는 힘을 가하면, 같은

유체가 이어져 있는 면적 S_2의 피스톤에 P_2의 힘으로 나타난다. 즉, 식으로 나타내면

$$\frac{P_1}{S_1} = \frac{P_2}{S_2}$$

가 된다.

이것은 지금으로부터 약 360여 년 전인 1655년에 블레즈 파스칼(Blaise Pascal, 1623~1662)에 의해서 발견되었으므로 '파스칼의 원리'로 통용되고 있다.

홀아버지 밑에서 교육받은 수학자

파스칼은 1623년 프랑스의 오베르뉴(Auvergne)의 클레르몽 페랑(Clermont-Ferrand)이라는 곳에서 태어났다. 우리나라에서는 병자호란이 일어나 인조 임금이 남한산성으로 피신한 해이다.

파스칼은 3세 때 어머니를 여의고 홀아버지 밑에서 자랐다.

블레즈 파스칼

파스칼의 아버지 에티엔 파스칼(Étienne Pascal, 1588~1651)은 요즈음의 말로 표현한다면 '교육지상주의자'였다. 그 자신 수학자로서, 파스칼이

태어났을 무렵에는 세무재판소의 소장 자리에 있었다. 그러나 파스칼이 7세가 되었을 무렵에는 파스칼의 교육을 위해 직장을 그만두고 아이를 파리로 데려갔다. 거기서 그는 일류 학자들을 자기 집에 모으는 것을 기쁨으로 삼아 아들의 교육에 전념했다. 아버지는 교육에 대해 "지식은 호기심에 대한 해답으로서, 또 알고자 하는 욕구의 보답으로 주어진다"는 주의였다.

파스칼이 아직 어렸던 어느 날, 테이블 위에 놓인 접시에 칼이 부딪쳐 깨진 적이 있었다. 그때 파스칼은 접시에 손이 닿아 있으면 소리가 작다는 사실을 알아내고 실험을 되풀이했다는 일화가 남아 있다.

아폴로니오스, 『원추곡선시론』의
최초 라틴어 번역 인쇄본

아버지는 우선 주로 고전에 관한 공부를 시키려고 했지만 수학에 흥미를 느낀 파스칼은 스스로 생각하고, 12세 때에는 '유클리드 기하학의 정리(Euclidean geometry theorem)'를 32개나 찾아냈다고 한다. 이 사실을 알게 된 아버지는 기쁜 나머지 방에서 뛰쳐 나가 눈물을 흘렸다는 일화가 있다.

이를 계기로 수학에 대한 공부가 허락된 파스칼은 16세 때는 옛날 그리스의 수학자 아폴로니오스(Apollonios of Perga,

BC. 262?~BC 200)가 연구하다가 남긴 원추곡선에 대한 연구를 해서 『원추곡선시론(圓錐曲線試論, *Traité des sections coniques*)』이란 책을 냈고, 19세 때인 1642년에는 세계 최초로 계산기를 만들어 진공에 대한 시험과 액체에 관한 연구를 했다.

원래부터 약골이었던 파스칼은 건강한 체질의 매형 페리에에게 기압계를 휴대시켜 퓌드돔(Puy de Dôme) 산정(山頂)에 올라 기압을 측정한 결과 대기는 1.6킬로미터 오를 때마다 수은주로는 3센티미터 대기의 압력이 낮아지는 것을 확인했다. 이에 관한 연구들은 『진공에 관한 새로운 실험』과 『유체에 관한 대실험』 등의 책에 정리되어 있다. 수압기의 원리는 그가 30세 때에 발견했다.

인간은 생각하는 갈대이다

파스칼은 이처럼 과학자, 수학자로서도 이름을 전하고 있지만 종교적인 사상가로서도 유명하다.

앞에서도 언급했지만 파스칼은 출생하면서부터 병약했다. 태어난 첫해부터 1년여 동안 배가 불룩해지는 병에 걸려 악마의 소행이라든가 누구의 저주 탓이라는 소리를 듣기도 했다. 그리고 세 살이란 어린 나이에 어머니를 잃고 엄한 아버지 밑에서 자란 것이 정신적인 영향을 미쳤을 것이라고도 생각된다.

어떤 전기 작가가 파스칼의 아버지의 교육 방식은 열성적이고 참을성이 강해 분명 성공적인 교육이었다고 평가할 수 있지만, 반면에 실패한 요소도 십분 있었다고 기록하고 있다.

파스칼은 학교라는 곳에는 한 번도 입학한 적이 없었으므로 같은 또래의 아이들과 놀았다는 기록을 찾아볼 수 없다. 그러므로 머리는 크게 발달했으나 신체와 마음은 별로 발달하지 못한 것으로 생각된다.

그는 평생, 소화불량과 불면증에 시달렸다. 특히 청년기 이후에는 심리적인 고뇌가 심해 죽음이 임박했을 무렵, 자신은 18세 무렵부터 단 하루도 괴롭지 않은 날이 없었다고 털어놓았다.

파스칼의 집안은 독신자(篤信者)였다. 장세니즘(Jansénisme)이라는 매우 엄격한 금욕 종교의 신자였고, 여동생 자클린(Jacqueline)도 포르 루아얄(Port Royal) 수도원에 들어갔다. 그리고 31세 무렵 신에게 사랑을 받았다는 이상한 종교적 체험을 했다.

39세의 젊은 나이에 생을 마감했으며, 사망한 뒤 파스칼이 생시에 기회 있을 때마다 써서 남긴 수상(隨想)이 모아져 『종교 및 다른 약간의 주제에 대한 파스칼의 단상(斷想)』이란 제목의 유고집으로 1670년에 간행되었다. 이 책은 통상 『팡세(*Pensées*)』로 통칭되며, 이후 350여 년에 걸쳐 많은 사람에게 큰 영향을 미쳤다.

인간은 쾌락과 안일함을 찾는 마음과 반대로 의무와 책임을 존중하는 이성적(理性的)인 마음의 양면을 가진 모순된 존재이므로 그것을 해결하기 위해서는 기독교 신앙밖에 없다는 사상이 기록되어 있다. 신을 믿지 않는 사람의 비참함을 설유하는 것으로 생각되며, 그중의 한 구절에 "신을 아는 것에서부터 신을 사랑하는 데 이르기까지는 길이 멀고도 멀다"라고 한 것을 보면 파스칼이 고뇌하고 신앙인이 된 심정을 헤아릴 수 있다.

이 청년적인 고뇌는 현세의 청년에게도 변함이 없어 『팡세』는 지금도 많은 사람에 의해 애독되고 있다.

"인간은 갈대이다"라는 말도 『팡세』에서 나온 것인데, "인간은 한 포기의 갈대로, 자연 속에서 가장 약한 존재이다. 하지만 그것은 생각하는 갈대이다"라고 했다.

육체적으로는 정말 약한 갈대였던 파스칼이 지적(知的)인 면, 그리고 정신적인 면에서는 보통 사람들의 수백 배의 힘을 발휘한 것으로 생각된다. 파스칼 자신이 수압기처럼 작용했다는 것이 적절한 표현일까.

혹시 자동차 정비소 앞을 지나다가 엄청난 힘을 발휘하고 있는 압력기를 보는 기회가 있다면 '생각하는 갈대'인 인간으로서 자신의 강대함을 굳게 의식하기 바란다.

노벨과 노벨상

매년 과학 발전에 크게 기여한 사람에게 수여

이탈리아의 화학자 아스카니오 소브레로(Ascanio Sobrero, 1812~1888)는 1846년에 강력한 폭발력을 갖는 새로운 물질을 발견했으며, 그 물질은 곧바로 많은 용도에서 화약 대신으로 쓰이게 되었다. 이 새로운 물질은 니트로글리세린(nitroglycerine)으로 호칭되며, 오일(Oil)과 같은 끈적끈적한 액체로 매우 폭발하기 쉬운 성질이 있었다. 예를 들면, 일반적으로는 액체를 단단한 표면 위에 떨구어 충격을 가했을 때만 폭발하지만 때로는 그것을 담은 병을 약간 흔들기만 해도 폭발하는 경우가 있다.

니트로글리세린의 발견자인 소브레로는 이러한 성질이 있다는 것을 알고 있었으므로 이 오일은 공업적 용도로 사용하면 위험하다는 경고를 빠뜨리지 않았다.

하지만 멀지 않아 니트로글리세린의 비교적 안전한 사용법이 발견되었으므로 채석장이나 광산에서 암석을 폭파하는 데 쓰이게 되었다.

다이너마이트 발견의 진상

진작부터 폭약에 관심이 많았던 에마누엘 노벨(Emanuel Nobel)은 1860년에 스톡홀름(Stockholm) 가까이에 니트로글리세린을 만드는 공장을 건설하기로 결정했다. 두 아들이 그 모험적인 사업을 도왔지만 불행하게도 사업은 출발부터 큰 어려움에 봉착했다.

공장이 문을 연 지 얼마 지나지 않아 액체가 폭발해 폐허가 되고, 많은 직공의 목숨까지 앗아갔다. 그중에는 노벨의 아들까지도 한 사람 포함되어 있었다.

하지만 살아남은 알프레드(Alfed Bernhard Nobel, 1833~1896)의 도움으로 노벨은 다시 사업을 시작해서 공장은 곧 니트로글리세린을 상업적 규모로 생산하게 되었다.

이 액체는 흔들면 폭발할 위험이 있었으므로 운반하기가 매우 조심스러웠다. 그 때문에 운송할 때 니트로글리세린을 넣은 통은 나무상자 안에 움직이지 않도록 채워 넣고 공간에는 톱밥으로 메웠다.

하지만 니트로글리세린에는 금속과 반응하는 불순물이 포함되어 있었으므로 때로는 양철통에 작은 구멍이 생길 때가 있었다. 구멍이 생기면 그 구멍에서 새 나온 니트로글리세린이 바로 톱밥에 번지고, 끝내는 통에서 방울방울 떨어져 도로나 철도 선로에, 혹은 통을 다루는 사람의 의복이나 신발에 부착되기도 했다.

얼마 지나지 않아 톱밥 대신 규조토(diatomaceous earth)를 사용하게 됨으로써 이러한 결점은 해소되었다. 규조토는 흰가루와 같은 물질인데, 아득한 옛날 육지가 바다 밑바닥에 있었을 때 매우 작은 바다의 생물(규조)의 사체가 쌓여 생긴 것이다. 함부르크(Hamburg) 가까이에 위치했던 노벨의 공장 인근에는 규조토의 큰 광맥이 존재했다. 규조토는 채굴하기가 용이했으므로 싸고 편리하게 사용할 수 있었다.

전래되는 설화에 의하면, 이 물질을 사용하기 시작하고부터 얼마 지나지 않아 화물을 풀어 내리던 직공이 흥미로운 현상을 발견했다. 즉, 니트로글리세린이 통에서 누출되고 있음에도 불구하고 통 밖으로는 전혀 누출되지 않고 모두 규조토에 흡수된 것이다.

알프레드 노벨은 이 소식을 듣자, 규조토를 나무통의 공간을 메우는 데 사용하기보다 더 유용하게 사용하는 아이디어를 생각해 냈다. 그리고 그 아이디어를 즉시 실험한 결과 규조토가 다공질(多孔質)인 관계로 자신의 무게보다 3배의 니트로글리세린액을 흡수하며, 니트로글리세린의 흡수로 굳어진 규조토 덩어리는 보통 액체와는 다른 성질을 갖게 된다는 것도 알았다.

가장 중요한 차이는 충격을 느끼지 않는 점이었다. 그러므로 흔들려도 폭발하지 않았으며, 심지어 집 밖에서 불태워도 폭발하지 않았다. 그럼에도 불구하고 폭발 신관(爆發信管, detonating fuse)을 사용해 기폭시키면 강력하게 폭발했다. 노벨은 이를 다이너마이트라고 이름지었다.

이 이야기는 유명해 곧잘 인용되지만 사실은 노벨 자신이 설명한 다이너마이트의 발견 과정과는 부합되지 않는다. 그는 액체를 흡수하는 물질을 찾으려고 계획적으로 실험을 진행했다고 한다. 톱밥, 목판, 벽돌가루 기타 여러 가지 다공질 물질을 실험해 보았지만 성공하지 못했다. 탐색 끝에 규조토를 실험한 결과 그가 찾는 목적에 가장 알맞은 물질이었다고 한다.

폭약에 대한 두려움

새로운 폭약인 다이너마이트는 바로 광산, 터널, 도로를 건설하기 위해 채석장에서 암석을 폭파하는 데 사용되고, 이 밖에도 다양한 용도, 예를 들면 심지어는 잠긴 금고를 폭파해 내용물을 수습하기도 했다. 그러자니 다이너마이트의 접착성, 즉 풀 같은 성질이 특히 유용했다.

하지만 니트로글리세린이 다이너마이트와 같은 안전한 형태로 송출(送出)할 수 있게 되었다고는 하지만 수송상의 어려움은 오래도록 해소되지 않았다.

철도 회사가 다이너마이트 수송을 거부한 적도 있으며, 그때 광산이나 채석장에서 파견된 '무쇠 신경을 가진 세일즈맨들'은 다이너마이트를 '휴대품'으로서 트렁크 속에 넣거나 '유리 제품, 취급주의'란 딱지를 붙인 상자에 넣어 이송했다고 한다. 또 '도자기 파손주의'라고 써서 호텔의 견본실(見本室)에 위탁하거나 침대 밑에 숨기기도 했다.

노벨은 여러 나라에 니트로글리세린 공장을 건설하려고 했으나 당초에는 그리 쉽게 뜻이 이루어지지 않았다.

> "그는 자기 발명에 대해 금융 지원을 얻으려고 파리로 갔다. 그는 프랑스의 은행가들에게 '나는 이 지구 전체를 날려 버릴 정도의 오일을 갖고 있다'고 호소했다. 하지만 은행가들은 자신들의 관심은 지구를 날려 버리는 것이 아니라 지금 상태 그대로 보존하는 것이라고 생각했다. 노벨이 뉴욕에 갔을 때 그의 화물은 다이너마이트를 담은 트렁크 몇 개뿐이었다. 그의 하소연에 의하면, 뉴욕의 그 어떤 호텔도 그를 숙박시켜 주지 않았다. 뉴욕인들은 노벨이 마치 포켓 속에 전염병을 숨기고 있다는 듯이 그를 회피하려 했다."

노벨을 둘러싸고 이런 류의 일화가 많이 전래되고 있지만 그중에는 아무런 근거가 없는 것도 많다. 어떻든 노벨은 결국 프랑스에서도, 다른 대개의 나라에서도 공장을 건설하는 데 성공했다. 특히 1875년에 다음에 소개하는 발명을 하고부터는 만사형통했다.

그해에 노벨은 니트로글리세린으로 실험을 하다가 손가락

을 베었으므로 상처에 콜로디온(collodion: 에테르 60%, 알코올 40%의 혼합 용액에 니트로셀룰로오스를 녹인 용액)을 발랐다. 콜로디온은 바르면 몇 분도 지나지 않아 굳어져 일종의 피부처럼 되어 상처를 보호하므로 당시 즐겨 사용되었다.

손가락에 이 피부 아닌 피부가 덮인 채 노벨은 실험을 계속했는데, 어쩌다 니트로글리세린을 약간 흘려 그 일부가 콜로디온 위에 떨어졌다. 그러자 놀랍게도 콜로디온의 모습이 확 변했다. 노벨은 뛰어난 과학자이므로 이러한 예기치 못한 변화에 그냥 넘어갈 사람이 아니었다.

노벨은 콜로디온을 사용해 몇 가지 재미있는 실험을 했다. 세분한 콜로디온을 니트로글리세린과 함께 가열하자 껌(gum)과 비슷한 물질로 변했다. 이어서 이 투명한 젤리상의 껌은 다이너마이트보다도 더 강력한 폭약이란 것을 발견했다. 노벨은 이 새로운 물질의 이름을 처음에는 다이너마이트 껌이라 했으나 후에 다이너마이트와의 혼동을 피하기 위해 젤라틴 다이너마이트(gelatin dynamite)라고 했다.

독특한 평화 사상과 노벨상

노벨의 친구인 베르타 폰 주트너(Bertha von Suttner, 1843~1914)는 오스트리아 출신의 여류 작가로, 당시 합스부르크 제국의 속국이었던 체코의 프라하에서 유서 깊은 귀족 가문에서 태어났다. 아버지 프란츠 요제프 킨스키(Franz Joseph Kinsky) 백작은 장군이었다. 그녀는 젊은 한때 노벨의 개인 비서로 일한 적이 있다. 노벨은 그녀에게 구혼했으나 거절당했다는 설이 있다. 1905년도에 노벨평화상을 수상한 주트너는 여성의 입장에서 전쟁 반대를 부르짖은 소설 『무기를 내려 놓자!(*Die Waffen nieder!*)』(1889)라는 책을 써서 평화주의자들 간에 매우 인기가 있었다. 그녀는 노벨에게 전쟁을 없애려고 하는 자신의 노력을 돕기를 바랐고, 노벨 역시 그녀의 사고(思考)에 크게 공감했다.

그러나 노벨은 모든 국가로 하여금 전쟁의 참혹성을 인식하고 전쟁을 없애는 방법에서는 그녀와 의견을 달리했다. 노벨은 이렇게 주장했다.

> "나는 모든 것을 황폐시켜 버릴 만큼 가공할 힘을 갖는 물질이나 기계를 만들어, 그 힘으로 전쟁이 완전 불가능하도록 만들면 되리라 믿는다."

그는 이렇게도 주장했다.

> "내 공장은 당신의 회의(會議)보다도 앞서 전쟁을 종결시킬지도 모른다. 언젠가 두 나라 군대가 단 1초 사이에 서로 상대를 말살시킬 수 있게 된다면 모든 국가는 공포에 질려 전쟁에 등을 돌리고 군대를 해산시킬 것이다."

말이 씨가 된듯, 그로부터 50년 정도 지나 그러한 무기—

수소폭탄—가 발명되었을 때 노벨이 예언한 바와 같이 많은 사람이 장래 큰 분쟁이 발생하면 무서운 황폐가 뒤따를 것으로 예감해 전쟁에 등을 돌렸다. 미합중국 제34대 대통령이며 제2차 세계대전 때의 연합군 총사령관이었던 드와이트 아이젠하워(Dwight David Eisenhower, 1890~1969)는 1959년 8월 31일 다음과 같이 방송했다.

"우리들이 평화에 관해 논의할 때는 현재 무엇보다도 우선해 실천해야 할 사실을 논의하게 된다. 전쟁이 문명 전체를 파괴하는 힘이 너무나 가공한 존재가 되었으므로 우리들—나는 정치가뿐만 아니라 모든 인간에 관한 것을 이르고 있다.—은 무엇을 하려고 노력하든 행위는 모두 이 유일한 목적을 향할 것, 머리를 써서 동원할 수 있는 모든 예지를 가지고 이 목적을 지향할 것을 보증할 책임을 갖고 있다."

하지만 노벨은 그와 같은 예언을 했을 뿐만 아니라 그보다 훨씬 크게 평화에 공헌했다. 그는 수백만 파운드에 이르는 거대한 유산의 대부분을 인류의 행복을 위해 사용하기로 결정했다. 그 돈은 상비군의 폐지 또는 병력의 축소를 위해 노력함으로써, 또는 평화에 관한 회의를 격려함으로써, 또는 다른 측면에서 인류에 크게 봉사함으로써 일반적 평화와 여러 국가 간의 우호 개념을 추진하는 데 크게 공헌한 사람에게 상금을 수여하기 위해 사용하게 되었다.

노벨은 1896년에 사망했으며, 노벨상 기금은 1901년에 설립되었다. 그 후 해마다 이 기금에서 각각 수천 파운드에 이르는 상금이 국적과 성별을 가리지 않고 뛰어난 사람들에게 수여되고 있다. 시초의 계획에 따라 하나의 상(평화상)은 노르웨이 최고의회의 선출로, 그 전 1년간 평화를 추진하기 위해 가장 공헌한 사람에게 수여된다. 다른 상은 스웨덴 과학아카데미의 조언에 따라 각각 생리 · 의학, 화학, 물리학, 문학 분야에서 뛰어난 업적을 쌓은 인사에게 수여된다. 1969년에는 노벨경제학상이 신설되었다.

전기의 저항과 게오르크 옴

환갑이 넘어서야 가까스로 대학교수로

옴에서 아인슈타인까지

볼트(volt), 암페어(ampere)에 이어 잘 알려진 전기의 단위로는 옴(Ω)이 있다. 특히 회로도에서 전기와 저항은 기본 요소이다. 현대 사회를 석권하고 있는 전기(電氣)의 세계에서 전기저항은 중요한 개념이며, 전류와 저항을 곱한 것이 전압이라는 옴의 법칙은 국민적 상식의 하나라고 할 수 있다. 그러나 이를 밝혀낸 사람의 실상은 별로 알려져 있지 않다.

한편, 20세기의 전반(前半)은 알베르트 아인슈타인(Albert Einstein, 1879~1955), 베르너 하이젠베르크(Werner Karl Heisenberg, 1901~1976), 유카와 히데키(湯川秀樹, 1907~1981) 등, 이론물리학이 크게 빛을 발휘한 시대였다.

이 기원을 독일의 물리학사에서 탐색한 과학사의 책으로 크

전자기의 SI 단위와 그 바탕이 된 인명

물리량	단위명	인명	국적
전하량	쿨롱	C. A. de Coulomb	프랑스
전압	볼트	A. Volta	이태리
전류	암페어	A. M. Ampère	프랑스
전기 저항	옴러	G. S. Ohm	독일
전기 용량	패러드	M. Faraday	영국
인덕턴스	헨리	J. Henry	미국
자속	웨버	W. E. Weber	독일
전도도	지멘스	E. W. von Siemens	독일
자속밀도	테슬라	N. Tesla	오스트리아, 미국
주파수	헤르츠	H. R. Hertz	독일

리스타 융니켈(Christa Jungnickel)과 러셀 매코맥(Russell McCormmach)이 쓴 『자연의 지적 대가(*Intellectual Mastery of Nature: Theoretical Physics from Ohm to Einstein*)』(Univ. of Chicago Press, 1900)가 있다. 그 책의 부제는 "옴에서 아인슈타인까지의 이론물리"이다. 얼핏 보기에는 전기공학을 연상시키기도 한다.

20세기의 물리학을 개척한 영광의 독일 물리학도 '옴의 법칙'이 발표된 1820년대까지 거슬러 올라가면 연구에서나 제도에서나 영 · 불에 비해 아직 보잘것없었다. 그러했던 것이 1870년 무렵에는 독일의 대학과 연구는 모두 세계 톱으로 약진했다. 독일 물리의 황금 시대란 바로 이 1870~1935년경을 이른다. 이 시기의 끝무렵에는 아돌프 히틀러(Adolf Hitler, 1889~1945)가 정권을 장악해 유대계 과학자가 일제히 영국이나 미국으로 망명한 시기였다.

스스로 배우고 익히다

게오르크 시몽 옴(Georg Simon Ohm, 1789~1854)의 아버지는 수학과 칸트 철학을 스스로 배우고 익힌 교육열이 매우 강한 독일 계몽정신의 소유자였다. 두 아들, 첫째아들 게오르크(Georg)와 둘째인 마르틴(Martin)에게 오일러의 해석학 책을 라틴어로 가르쳤다. 형제 모두 짐나지움(Gymnasium)을 거쳐 에를랑겐(Erlangen) 대학에 진학했다. 수학, 철학, 물리학을 배우는 것이 인격 형성에 최적이라고 생각해서였다. 게오르크는 1805년에 입학했지만 2년 정도에서 교수가 전근해 함께 옮기려고 했지만 '너는 자습으로 공부하는 편이 나을 것'이라고 교수가 조언하며 가정교사와 중학교의 강사직을 소개했다. 그 덕으로 생계를 유지하고 공부를 계속해 1811년에는 학위를 취득했다.

게오르크 시몽 옴

이 동안에도 자기 혼자서 레온하르트 오일러(Leonhard Euler, 1707~ 1783), 피에르 라플라스(Pierre Simon M. de Laplace,

1749~1827), 실베스트르 프랑수아 라크루아(Sylvestre François Lacroix, 1765~1843) 등의 첨단 수학책을 독파했다. 형제는 늘 대학 수업에서 선두를 달렸다.

수입이 보잘것없는 대학의 개인 강사를 그만둔 후에 생계를 위해 중학교 교사가 되었다. 벽지의 학교로 책상도 없고 학생은 벤치에서 수업을 받는 형편이었다. 그는 그래도 열혈 교사로서 수학에 의한 인간 형성 교육에 정열을 쏟았다.

그 사이에 기하학에 관한 책을 써서 1817년에 출판했다. 그러한 효과도 있어 이 해에 콜로뉴(Cologne)의 제수이트파 짐나지움(Jesuit Gymnasium)의 수학과 물리학의 상급 교사가 될 수 있었다. 거기서 도서관, 실험실, 또 면학과 교육에 열심인 동료를 얻었다.

그는 교육 의무를 수행하면서 연구에도 정열을 쏟았다. 그 모습에 학생들도 자극을 받았고, 프랑스어를 수학했으므로 조제프 루이 라그랑주(Jeseph Louis Lagrange, 1736~1813), 아드리앵 마리 르장드르(Adrien-Marie Legendre, 1752~1833), 장 바티스트 비오(Jean-Baptiste Biot, 1774~1862), 시메옹 드니 푸아송(Siméon Denis Poisson, 1781~1840), 장 바티스트 조제프 푸리에(Jean Baptiste Joseph Fourier, 1768~1830), 오귀스탱 장 프레넬(Augustin Jean Fresnel, 1788~1827)의 수리물리(數理物理)를 자학 · 자습했다.

갈바니즘

그런 속에서 옴은 최신 화제(話題)에도 관심이 많았다. 알레산드로 볼타(Alessandro Giuseppe Antonio Anastasio Volta, 1745~1827)의 전지 발명으로 정전기가 아닌 전류의 연구가 앙드레 앙페르(André Marie Ampère, 1775~1836), 한스 에르스텟(Hans Christian Oersted, 1771~1851)에 의해 속속 실험적으로 밝혀졌다. 이 무렵 볼타의 전지 아이디어가 루이지 갈바니(Luigi Galvani, 1737~1798)라는 생리학자의 발견에서 유래된 것이므로 전류의 과학은 갈바니즘으로 불리었다. 참고로 현재의 '일렉트로(electro)'는 마찰로 정전기를 일으키는 데 유용한 호박을 뜻하고, '마그네(magne)'는 자석을 생산하는 그리스의 마그네시아라는 지명(地名)에서 비롯된 것이다.

베를린을 향해

한편 그의 아우도 수학 교사의 길을 걸었는데 수론(數論)에 관한 책도 내고, 1821년에는 베를린 대학의 강사로 초빙되어 수입도 늘어났다. 대학과 아카데미에서의 인상도 좋아서였는지 1824년에는 베를린 대학의 조교수가 되었다. 형과는 달리 학자로서 햇빛이 비치는 양지로 나가게 되었다.

이에 자극을 받아 1825년, 26년에 옴은 갈바니 회로의 실험 논문을 전문 잡지에 발표했다. 그리고 대학에 자리를 얻는 결정적인 업적을 쌓기 위해 반년 동안 베를린으로의 유학(보수는 절반)을 신청해 허가를 받았다. 동생에게 얹혀살며 『수학적으로 연구된 갈바니 케트(*Die galvanische Kette, mathematisch bearbeistet*)』라는 책을 1827년에 완성했다. 이는 전기 저항에 관한 책으로서 내용이 매우 수학적이었다. 그는 푸리에의 열전도의 수리이론을 참고로 해서 이른바 옴의 법칙을 확립했다. 옴의 법칙은 결코 실험 결과를 구성한 법칙은 아니다.

이에는 그도 자신이 있었다. 콜로뉴에서의 직을 사임하고 대학 교원의 직을 기다리며 베를린에 머물렀다. 그러나 프러시아에서 마땅한 자리를 주겠다는 좋은 소식은 끝내 오지 않았다. 그는 동생에게 기대 6년 정도 베를린에 머물렀으며, 군 관계 학교의 시간 강사로 얻는 수입으로 생계를 유지했다.

1833년, 그의 모국의 뉘른베르크 공업전문학교(Polytechnic School of Nuremberg)에 자리를 얻었으나 콜로뉴의 짐나지움보다 연구 조건은 열악했다. 이번 역시 그의 꿈은 실현되지 못했다. 하지만 교육에 열성을 쏟은 그는 교장으로 복직하기도 하고, 때로는 장학관 같은 교육행정에도 관여했다.

독일에서 평판은 얻지 못했으나 다른 실험에서의 검증도 있어 1941년에는 런던의 왕립협회(Royal Society)가 옴의 법칙의 업적을 표창해 코플리 메달(Copley Medal)을 수여하고 이 협회의 해외 회원으로도 추천되었다. 또 1842년에는 영어, 1847년에는 이탈리아어, 1860년에는 프랑스어로도 번역될 정도로 보급되었다.

환갑이 넘어 대학 교수가 되다

이와 같은 높은 평가에도 불구하고 프러시아에서 아무런 평가도 없었던 것은 몇 가지 이유가 있었다. 하나는 기술 방식(記述方式) 때문이었다. 프랑스의 수리물리류(數理物理流)인 옴의 수법이 독일에서는 아직 받아들여지지 않고 있었다. 이것은 일반적으로 새로운 스타일이 도입될 때 일어나는 현상이지만 반대로 그것이 옴을 독일의 이론물리의 원조로 보는 이유의 하나이다.

또 하나는 당시 독일의 학술행정의 독특한 사정 때문이었다. 대학이 행정의 일부로 얽매어 있던 제도에 유래한다. 독일에서는 대학도 학회도 아카데미까지도 모두 행정의 일환이었다. 따라서 과학자는 동료가 아니라 행정관에게 업적을 적극 알려야 했다. 행정관은 학자들에게 의견을 듣지만 결정은 모두 행정관이 했다. 개중에는 명행정관으로 평가받는 사람도 있었지만 일부 학자와의 대립으로 인해 분위기가 흉흉했다. 또 부당한 권력적 개입을 둘러싼 대립도 있었다. 옴의 동생이 프러시아 문부 당국과 대립 상태에 있었던 것도 형의 채용에 나쁜 영향을 미쳤다.

세 번째는, 베를린의 물리 교수였던 사람이 헤겔주의자였던 점이다. 당시의 관료문화는 독일의 문호 괴테나 관념론 철학자 헤겔 같은 독일 계몽주의 일색이었다. 그것이 옴의 물리와 어떻게 대립했느냐의 설명은 한 마디로 설명할 수 없지만, 그러한 영향도 있었다.

1852년에야 옴은 뮌헨 대학에 실험물리학 교수로 취직이 되었다. 그의 나이 환갑을 넘겨서야 가까스로 대학교수가 된 것이다. 그는 바바리아왕국 의회의 아카데미 회원, 귀족원 위원, 박물관 관장, 베를린 아카데미 통신회원 등, 학자로서 명예도 얻었다.

전기회로 이후 그는 음향생리학과 결정광학(結晶光學)의 실험을 했으며, 1854년 뮌헨에서 65세에 심장마비로 숨져 알터 쉬트프리에드호프(Alter Südfriedhof) 묘지에 묻혔다.

화성을 관측한 티코 브라헤

괴짜 천문학자의 별난 인생

행운아 중의 행운아

1543년에 폴란드의 천문학자 니콜라우스 코페르니쿠스(Nicolaus Copernicus)가 죽고 3년이 지난 1546년에 티코 브라헤(Tycho Brahe, 1546~1601)는 스웨덴에서 귀족의 후예로 태어났다. 그러니 두 사람의 가장 왕성한 활동기에는 약 반세기의 차가 있는 셈이다.

티코 브라헤는 코페르니쿠스나 이탈리아의 천문학자 갈릴레오 갈릴레이(Galileo Galilei, 1564~1642)만큼 유명하지는 않다. 그것은 티코가 이들 두 천문학자가 주장한 파천황(破天荒)한 견해에 난색을 표시한 것과도 무관하지 않다. 티코 브라헤의 견해는, 지구 이외의 행성은 태양의 주위를 회전하고 있지만 태양은 그 행성들과 함께 지구의 주위를 회전하고 있다는 것이었다. 바로 태양의 위치에 지구가 있고, 태양은 다른 행성을 모두 위성으로 삼아 지구 주위를 돌고 있다는 것이 티코 브라헤의 생각이었다.

그러나 이와 같은 우주관은 별도로 치고, 관측 자료의 풍부함과 치밀함을 든다면 근세 초기의 천문학자 중에서 티코 브라헤에 겨눌 만한 사람은 없다. 20년간에 걸쳐 축적된 방대한 데이터는 제자인 독일의 천문학자 요하네스 케플러(Johannes Kepler, 1571~1630)에게 인계되어 『루돌프표(*Tablae Rudolphinae*)』(1627)로 집대성되었다. 이것은 오래도록 천문 연구를 위한 기초 자료가 되었다. 케플러도 스승인 티코 브라헤의 선구적 업적을 이용할 수 있었으므로 코페르니쿠스설의 확증을 제시할 수 있었던 것이다.

티코 브라헤의 생애는 30세를 경계로 해서 전반의 수업 시대와 후반의 천문대장 시대로 나눌 수 있다. 그의 후원자는

티코 브라헤

요하네스 케플러

양자로 간 숙부(그 사후에 남긴 막대한 재산에 의한 것), 그리고 후반생은 덴마크 국왕과 신성로마제국 황제, 특히 전자였다. 태어나 자란 환경이 좋으면 연수(硏修) 활동이 가능하고 또 성인이 되어서 좋은 후원자를 만난다면 연구에도 진전을 기대할 수 있다.

티코는 이 양쪽 모두에 행운이 따라 당시로서는 행운아 중의 행운아였다. 이런 면에서 제자 케플러와는 운니지차(雲泥之差), 즉 서로의 차이가 매우 컸다.

온갖 학문을 섭렵하다

티코는 당시 덴마크령이었던 남스웨덴의 헬싱보리(Hälsingborg)의 작은 도시 크누스트루프(Knustrup)에서 유서 깊은 가문(귀족)에서 태어났다. 생후 얼마 지나지 않아 무자식인 부호의 숙부에게 입양된 덕분에 장년이 되도록 생활에 궁함이 없이 폭넓은 고등 교육을 받을 수 있었다. 당시로서는 이 대학, 저 대학으로 옮겨 가며 전공을 바꾸어 공부하는 것이 문화인의 관례였다. 그도 이에 예외가 아니었다. 그것이 가능했던 것은 앞에서도 말했듯이 숙부의 재력 덕분이었다. 숙부는 티코가 장래 정치가가 되기를 바랐지만 생각대로 되지 않았다. 그의 유학(遊學) 일지 등을 살펴보면 인생 행로를 헤아려 볼 수 있다.

13세에 덴마크의 코펜하겐 대학에 입학해 철학과 수사학(修辭學)을 배웠으나 어떤 점성가(占星家)가 말한 일식(日食)의 예언이 적중한 것에 큰 흥미를 느껴 고대 그리스의 천문학자 클라우디오스 프톨레마이오스(Klaudios Ptotemaios)에 매료되어 3년이나 그의 책을 정독했다. 이어서 1562년, 16세 때 신성로마제국의 라이프치히 대학 법학부로 전학했으나 법률이 아니라 수학과 천문학에 치우쳤다. 『알폰소 성표』와 『프로이센 성표』에 의해서 성좌명(星座名)에 정통해 자기 자신이 관측을 해서 기재되어 있는 성좌의 위치가 현재의 위치와는 다르다는 것을 발견했다. 또 비텐베르크(Wittenberg) 대학을 거쳐 로스토크(Rostock) 대학까지 유학을 계속했다. 이 무렵 수학에 관한 지식을 과시한 것이 원인으로 동향의 한 유학생과 결투를 하게 되어 코를 베이는 사건이 있었다. 숙부가 타계하면서 막대한 재산을 남긴 것도 이 무렵이었다.

1568년에 로스토크를 떠나 바젤(Basel)에 잠시 들렀다가 곧 아우크스부르크(Augsburg)로 갔다. 여기서 그는 하인첼이라는 돈 많은 형제의 청탁으로 반지름 약 6미터나 되는 대상한의(大象限儀)를 제작했는데, 그 제작을 위해 기술자를 1개월이나 고용했다.

전기(傳記)의 기술은 저술인에 따라 일치하지 않는 것이 많은데, 이 이후의 티코의 행동에 대해, 어떤 사람은 이 아우크스부르크에 머물며 관측을 계속하다 1572년 11월, 26세 때 카시오페이아좌에 신성(新星)을 발견하고, 다음 해 1573년에 귀국해 코펜하겐(Copenhagen)에서 「신성에 대하여(De nova stella)」라는 논문을 써서 발표했다고 기록하고 있다.

한편, "25세(1571년) 때 명성이 알려진 천문학자로서 귀국하자 덴마크 국왕이 초대할 정도의 환영을 받았고, 숙부의 한 사람이 그를 위해 관측소와 연금술 연구용 실험실을 마련해 주었다. 신성의 발견은 우연히 어느 날 밤, 연구실에서 밖으로 나와 하늘을 바라보았을 때였다"는 기술도 있다. 또 1571년 숙부의 입종 때였다는 기술도 있으므로 후자의 기록이 신빙성이 있어 보이나 여기서 더 이상 운운하지 않겠다.

27세(1573년) 때 농부의 딸인 키르스트너와 사랑에 빠져 결혼했지만 친척들로부터 귀족의 품위를 크게 손상시켰다 해서 구설수에 올랐으며, 그에 대한 태도가 급변했다. 하지만 이 여성과의 사이에 아홉 명의 자식을 두었다.

이러한 사정도 얽혀 티코는 다시 고향을 떠나 먼 여정에 올랐다. 헤센(Hessen)의 카셀(Kassel), 프랑크푸르트 암 마인(Frankfurt am Main), 바젤, 비텐베르크, 그리고 이태리의 베네치아 등에도 들렀다. 이 여행에서 특이한 점은 비텐베르크를 방문했을 때 『프로이센 성표』(프로이센 후작 알베르트의 출자에 의해서 1551년에 간행된 성좌표)를 작성한 에라스무스 라인홀트(Erasmus Reinhold, 1511~1553)의 아들을 만나 그의 망부(亡父)의 원고를 볼 기회를 얻은 것과 헤센의 카셀을 방문했을 때 영주(領主)인 빌헬름 4세가 1561년에 건조한 천문관측탑을 방문해서 직접 본 점 등이었다.

흐벤 섬의 우라니보리 천문대에서

이 여행의 또 하나의 목적은 고향을 떠난 후에 영주할 곳을 찾기 위해서이기도 했다. 실제로 귀국하면 가족을 이끌고 바젤로 이주할 예정이었다. 그러나 고향 땅을 밟았을 때 사태는 급진전했다. 그 후의 그의 천문 연구에 일대 전기를 마련하게 된 좋은 소식이 그를 기다리고 있었다. 당시의 덴마크 국왕 프레데리크 2세(Frederick Ⅱ)가 그를 위해 천문대를 건조하자는 제안이었다. 덴마크 왕에게 이를 진언한 사람은 전술한 여행에서 사귄 헤센의 영주 빌헬름 4세였다.

이 장대한 사업은 후원자 시대의 과학의 모습을 상징하는 것이었다. 우라니보리 천문대(Uraniborg Obsevatory)는 흐벤

우라니보리 천문대의 모습

(Hven) 섬(현재는 스웨덴령)이라는 작은 섬에 건조되었다. 이 섬은 주위가 불과 10킬로미터 정도로 스코네(Skäne: 현재의 스웨덴 남부의 한 지방)와 셰란(Sjalland) 섬(덴마크의 수도 코펜하겐이 있는) 사이의 해협에 떠 있다. 하지만 당시 세계에서 유례를 찾아볼 수 없이 엄청난 규모였다. 천문관측실 외에 서고, 인쇄소, 천문 기기를 제작하는 공장에다 상당 수의 조수와 작업자가 식사가 가능한 숙사까지 마련되어 있었다. 외관은 마치 성곽과 같은 위용을 갖추고 이름은 우라니보리(하늘의 성탑)라 했다. 그 후 1581년에 문제(門弟)와 연구자가 늘어나 수용하지 못하게 되고, 우라니보르의 관측이 바람이나 땅의 진동에 영향을 받는다고 생각해서 스티에르네보르(Stierneborg: 별의 성)라는 관측소를 우라니보르 옆 지하에 짓기도 했다.

깁슨의 『과학에 목숨을 바친 사람들』에 의하면, 세계 최초의 이 근대적 연구 시설의 건조에는 국고에서 1만 파운드가 투입되고 유지 · 운용에 필요한 비용으로는 지소(地所)에서 거두는 수익이 고스란히 제공되었다. 그리고 티코에게는 연금(年金) 400파운드가 지급되었다. 티코 자신도 숙부로부터 상속 받은 2만 파운드 외에 스스로 제조한 비약(秘藥)의 판매로 얻는 막대한 수익이 있었다고 한다.

천문대는 1576년 8월에 완성되어 12월부터 관측을 시작했다. 이 천문대에서 보낸 20년 동안에 자신의 손으로 개량을 거듭한 천문대 관측 기기를 이용해 혜성을 비롯해 많은 천체의 정밀한 관측을 했다. 혜성 관측에서는 그것이 달보다 먼

곳에 있다는 것을 제시했다.

그러나 후원자의 사망이라는 돌연한 사태가 이 천문대를 순식간에 폐쇄로 몰아넣었다. 오늘날에는 생각하기 어렵지만 후원자로 받든 권력자나 부호의 비위를 거스른 하찮은 이유로 과학자의 생활 기반이 송두리째 무너져 버리는 사태가 후원자 시대에는 다반사로 발생했다. 그러므로 과학자들은 항상 후원자의 기분을 살피고, 예컨대 저서의 서문에는 후원자에게 최대의 찬사를 적어 그들에게 증정하는 것을 게을리하지 않았다.

보통 역사책에는 그 이름이 결코 기록되는 일이 거의 없는 덴마크 왕 프레데리크 2세가 1588년에 사망하자 크리스티안 4세(Christian Ⅳ, 재위 1588~1648)가 12세에 새로운 왕으로 즉위했다. 한동안은 선대와 마찬가지로 천문대에 대한 왕실의 지원이 계속되었지만 점차 줄어들기 시작했다. 이에 관한 이유에 대해서는 여러 가지 설이 있다. 하지만 사실 티코는 의학에 대한 전문 교육을 전혀 받은 적이 없었다. 그럼에도 불구하고 의료 행위를 했을 뿐만 아니라 일종(一種)의 비약을 발명해 독일 약방에서 주문이 쇄도했다. 그러니 크게 돈도 벌어 의사가 본직인 사람들의 반감을 사게 되었다.

의사들이 그를 위법 의료행위자로 정부에 처벌을 호소했기 때문에 민원을 받은 위원회는 국고에 의해서 지급되는 그의 천문학 연구가 가치 있는 것인가의 여부를 조사해, 결론적으로 무용할 뿐만 아니라 오히려 유해한 호기심을 채워 주는 것이라는 이유로 이제까지의 지원을 전면적으로 중단했을 뿐만 아니라 천문대도 문을 닫으라는 결정을 내렸다.

후세의 프랑스의 천문학자 피에르 시몽 라플라스(Pierre Simon M. de Leplace, 1749~1827)는 "이성의 진보를 막기 위해 권력을 남용한 사람의 이름, 특히 당시 덴마크의 대신 바르헨도르프의 이름은 전 시대에 걸쳐 저주해야 한다"고 티코를 변호했다. 이 변호는 일면 정당해 보이지만 다른 각도에서 보면 정당한 것이 아니었다. 왜냐하면, 티코 자신의 행위에 비리가 없다고는 할 수 없었기 때문이다. 즉, 국왕의 권력을 이용해 명성을 떨친 그 또한 일종의 권력이 국왕의 사망과 함께 실추하자 이제까지 참아 왔던 사람들의 분노가 한꺼번에 폭발했다고 볼 수도 있기 때문이다.

황제의 비호를 받다

티코의 연구 활동은 이때 사실상 종막을 고했다. 그는 천문대에 설치되어 있던 이동 가능한 기계를 가능한 한 선박에 적재하고, 조수와 가족 모두 1597년에 흐벤 섬을 떠나 그 다음 해에 프라그(Prague: 프라하, 현재의 체코 수도)에 도착했다. 여기서 점성술에 정신이 팔린 신성로마제국의 황제인 루돌프 2세(Rudolf Ⅱ, 재위 1576~1612)에게 천문학자·점성술사·연금술사로 초청받았다.

당시 유럽에서는 흑사병이 창궐했으므로 그것을 피하기 위해 로스토크와 드레스덴(Dresden) 등을 경유해 프라그에 도착했다고 한다. 그는 황제로부터 프라그 교외의 페나테크 성(城)에 천문대를 받아 흐벤 섬에서 옮겨온 기기를 설치했지만 건강을 크게 잃은 티코는 이미 왕년의 면모는 아니었다.

그러나 1600년에 계산 조수로 고용한 케플러는 그 이전의 모든 발견에 필적할 정도의 성과를 거두었다. 하지만 두 사람의 공동 연구는 2년도 계속되지 못했다. 다음 해 10월에 티코가 타계했기 때문이다. 티코의 미망인과 남겨진 자녀들은 관측 기기를 황제가 비싼 값으로 매입해 준 관계로 생활에 어려움은 없었다.

이와는 대조적으로 케플러는 그 무렵부터 제국 안에 확대되기 시작한 전란에 휩쓸려 후원자의 형식적인 비호밖에 받지 못했다.

원자폭탄 개발의 공헌과 악몽

알베르트 아인슈타인

원자폭탄 투하

1945년 8월 6일 오전 11시(미국 동부 시간) 미국의 해리 트루먼(Harry S. Truman, 1884~1972) 대통령은 성명을 발표해, 16시간 전에 일본 히로시마(廣島)에 원자폭탄을 투하했다는 사실을 밝혔다. 그 성명은 "그것은 원자폭탄으로, 우주의 기본적 힘을 이용한 것이다. 극동에 전쟁을 초래한 일본에 태양의 에너지원이기도 한 힘이 방출된 것이다"라고 부언했다.

알베르트 아인슈타인

히로시마에 원자폭탄이 투하되었다는 소식은 즉시 온 세계에 전파되었다. 독일 태생의 이론물리학자 알베르트 아인슈타인(Albert Einstein, 1879~1955)은 그 뉴스를 듣자 "O weh!"라 한 마디 하고는 오래도록 입을 열지 않았다고 한다.

히로시마에 원자폭탄이 투하되었다는 소식을 듣고 아인슈타인과 마찬가지로 크게 충격을 받은 과학자가 또 한 사람 있었다. 그는 독일의 화학자 오토 한(Otto Hahn, 1879~1968)으로, 당시 연합군에 억류되어 런던에서 80킬로미터 떨어진 농가에 다른 독일의 동료 과학자들과 함께 수용되어 있었다. 영국 시간으로 6일 저녁 원자폭탄이 투하되었다는 뉴스가 그들에게 전달되었다. 그러나 한에게만은 특별히 그에 앞서 그 사실이 전달되었다. 그때 그는 "수만 명의 죽음에 대해 개인적으로 책임을 통감한다"고 술회했다고 한다.

핵무기와 물리학

아인슈타인이나 한이나 모두 원자폭탄 피해에 대해 책임을 통감하고 충격을 받은 셈인데, 뒤집어 말하면 두 사람 모두 원자폭탄 제조에 중요한 공헌을 했다는 것을 의미한다. 과연 이들은 어떠한 공헌을 했을까.

아인슈타인이 1905년에 '특수상대성이론'을 제출한 사실은 널리 알려진 바이지만, 그 논문의 하나인 「물체의 관성은 에너지 함량에 의존하는가?」에서 그는 유명한 공식 $E=mc^2$을 명백히 했다. 그의 논문은 이 공식을 다음과 같이 기술하고 있다.

"한 물체의 질량은 그 에너지량의 척도(尺度)이다.…… 에너지가 L만큼 변화하면 질량은 같은 방향으로 $L/9\times10^{20}$만큼 변화한다."

이 공식이 성립되는 것은 핵분열 혹은 핵융합이 일어나는 경우이다. 그는 그러나 현상은 그 에너지량이 현저하게 변화하는 물체(예를 들면 라듐염)에서 확인될 것이라고 예측하고 있다.

원자폭탄은 핵분열에 의해서 거대한 에너지를 발생하는 것이지만 그 실험적 기초가 된 것은 1938년 말에 실시된 한 등의 실험이었다.

한 등은 우라늄에 중성자를 부딪치면 초우라늄 원소가 만들어진다는 이탈리아의 물리학자 엔리코 페르미(Enrico Fermi, 1901~1954)의 실험 결과를 다시 연구해서 우라늄이 초우라늄 원소가 되는 것이 아니라 바륨 기타에 핵분열을 일으키고 있음을 발견했다.

한은 이 실험 결과를 오랫동안 연구해 왔지만 몇 달 전에 히틀러 정권에 의해서 스웨덴으로 추방된 오스트리아의 여성 과학자 리제 마이트너(Lise Meitner, 1878~1968)에게 최초로 알렸다. 그는 그 후에 논문을 마무리해 다음 해 1월에 독일어로 발표했는데 이 사실이 미국에 전달된 것은 마이트너를 경유해서였다.

한의 통지를 받고 마이트너는 조카인 오토 프리시(Otto Robert Frisch, 1904~1979)와 협력해 그 결과를 분석하고 $E=mc^2$으로 나타낼 수 있는 에너지가 방출되고 있는 사실을 알았다.

그들은 이 분석 결과를 한보다 1개월 늦은 2월에 논문으로 발표했다.

프리시는 논문의 골자를 논문으로 발표하기까지는 입 밖에 내지 않는다고 약속하고 미국으로 떠나기 직전에 덴마크 물리학자 닐스 보어(Niels Henrik David Bohr, 1885~1962)에게 전했다. 하지만 보어는 그의 제자와 이 충격적인 사실을 논의했을 때 입 밖에 내지 않는다는 약속을 깜빡 잊고 1월 16일에 그 제자가 '핵분열'의 발견을 프린스턴 대학에서 이야기하고 말았다. 이때부터 미국의 물리학자들은 핵분열 연구에 새로이 매달리게 되었다.

이와 같은 곡절은 있었지만 한의 '원자핵 분열의 발견'에 대해 제2차 세계대전 후인 1944년에 노벨 화학상이 수여되었다.

망명한 과학자들

1939년 1월, 미국에는 나치즘을 피해 건너온 유럽의 과학자들이 많았다. 아인슈타인도 그 한 사람이었고, 엔리코 페르미와 헝가리 출신의 물리학자 레오 실라르드(Leo Szilárd, 1898~1964) 등이 있었다.

아인슈타인은 히틀러가 수상이 된 1933년 1월 30일에는 미국에 체재하고 있었지만 나치즘에 대한 항의의 뜻으로 귀국 거부 선언을 했다. 그는 3월 28일 일단 유럽에는 갔지만 독일에는 가지 않고 프로이센과학아카데미에 탈퇴 편지를 보냈다. 이것은 그가 이전부터 나치에 의한 공격의 표적이었기 때문에 언젠가는 추방될 것을 예측해 동료 과학자들이 궁지에 몰리지 않도록 배려해서였다. 나치의 유대인에 대한 전면적인 공격은 사흘 후인 31일 저녁부터 시작되었다.

아인슈타인이 유럽에 도착했을 무렵 위험을 예측해 독일을 탈출한 사람이 실라르드였다. 그가 베를린에서 탄 열차에는 승객도 붐비지 않았고 국경 통과에 아무런 문제도 없었다. 그러나 하루 뒤의 열차는 초만원일 뿐만 아니라 국경에서 차를 세워 승객 한 사람 한 사람이 차 밖에서 나치의 심문을 받아야만 했다. 이때 실라르드가 얻은 교훈은 '남보다 지나치게 현명할 필요는 없다. 다만 하루만 빠르면 된다'는 것이었다.

그는 런던에 도착해 독일에서 탈출해 온 과학자들의 취직 등을 알선하고, 그 일이 어느 정도 일단락된 1938년 1월 2일에야 미국으로 건너갔다.

이들 망명 과학자에게 독일의 한이 핵분열을 발견했다는 사실은 자신들을 추방한 히틀러가 핵분열에 의한 에너지를 거머쥐는, 즉 강력한 폭탄을 만들어 사용하게 되는 것이 아닌가 하는 악몽을 환기시켰다.

핵분열에 의해서 거대한 에너지가 방출된다는 것은 사이언스 픽션(science fiction, SF: 공상과학소설)의 절호의 과제였다. 허버트 조지 웰스(Herbert George Wells, 1866~1946)는 1914년에 발표한 『해방된 세계』에서 1933년에 인공 방사능이 발견되고, 1959년에는 원자폭탄에 의한 전면전이 전개된다고 예견했다. 인공 방사능은 예측한 바와 같이 그해에 발견되었다. 1938년 말에 핵분열이 발견되어 원자 에너지는 SF의 세계에서가 아니라 현실 문제가 되었다.

유대계 과학자는 떠났지만 독일에는 그들과 마찬가지로 우수한 과학자가 많이 있었다. 그 대표적인 인물이 베르너 카를 하이젠베르크(Werner Karl Heisenberg, 1901~1976)였다. 그는 1932년 나이 31세에 양자역학을 창시한 공으로 노벨 물리학상을 수상했다.

망명한 물리학자들은 그가 당연히 독일의 원자폭탄 개발의 중심이 되어 개발에 성공할 것이라고 예상했다. 그가 독일의 원자폭탄 개발계획의 중심에 있었던 것은 사실이지만 그 역할은 오늘날에도 논쟁의 표적이 되고 있다. 『나치와 원자폭탄—알소스 · 과학정보조사단의 보고』를 쓴 새뮤얼 호우트스미트(Samuel Abraham, 1902~1978) 이래 그는 원자로에 대해 이해는 하고 있었지만 원자폭탄에 대해서는 무지했기 때문에 나치에 협력은 했으나 원자폭탄 개발에는 실패했다는 의견이 있다.

다른 한편, 그는 나치에 협력하는 듯이 처신하면서 독일의 원자폭탄 개발 정보를 연합국 쪽에 흘렸고, 또 원자폭탄에 대해 이해하고 있었다는 의견도 있다.

긴 편지와 짧은 편지

1939년 1월부터 실라르드와 페르미는 히틀러가 원자폭탄을 보유하면 어쩌나 하는 악몽과 싸우면서 우라늄의 핵분열이 연속적으로 일어나는가 않는가를 확인하는 실험을 계속했다. 핵분열을 일으키기 위해서는 중성자선(中性子線, neutron rays)을 감속할 필요가 있어, 감속재로 흑연을 사용한 우라늄—흑연계로 실험을 했다. 그 결과 1회의 핵분열로 수개의 중성자가 나오는 것이 확실하므로 핵분열의 연쇄 반응은 일어날 수 있다는 것 또한 확실했다. 이때 원자폭탄을 완성하기 위해서는 얼마만큼의 인재·자원을 투하하느냐 하는 문제가 대두되었다.

일각의 여유도 허용되지 않는다는 초조감이 실라르드를 움직여 1939년 7월에 아인슈타인을 방문하게 했다. 방문 이유는 처음에는 독일에 원자폭탄의 재료가 되는 우라늄을 입수하지 못하게 하는 방책을 마련하기 위해서였다. 독일이 우라늄을 입수한다고 하면 벨기에일 것이라고 생각했으므로 벨기에 여왕과 지면이 있는 아인슈타인에게 그녀에게 보내는 편지를 쓰게 해서 받으려는 생각에서였다.

그러나 많은 이야기를 논의하는 과정에서 좀 더 효과적인 방법은 미국 대통령에게 직접 아인슈타인의 이름으로 편지를 써서 다음 사실을 알리는 것이라고 의견이 모아졌다. 원자 에너지가 공상의 것이 아니라 현실적으로 가능하게 되었으며, 히틀러가 그것을 손에 넣을 가능성이 높다는 사실, 그리고 미국이 그 개발을 서둘러야 할 필요성이 있다는 것을.

아인슈타인은 영어가 서투르기 때문에 영문의 편지는 실라르드가 쓰기로 하고, 8월 2일 길고 짧은 두 종류의 편지를 준비했다.

그는 장문의 편지를 택해 거기에 서명을 했다.

장문의 편지와 단문의 편지 차이는 장문 쪽이 핵에너지 개발에 대해 좀 더 확신을 갖는 내용이었다. 단문의 편지에서 언급하지 못하고 장문의 편지에서만 언급한 내용은 다음의 두 가지 점이었다. 첫째는, 우라늄이 새롭고 중요한 에너지원이 될 것으로 전망되고, 그것은 최근의 페르미, 실라르드, 그리고 프랑스의 핵물리학자 장 프레데릭 졸리오 퀴리(Jean Frédéric Jolliot-Curie, 1900~1958)의 연구가 제시하고 있다는 지적이었다. 두 번째는 핵에너지 개발의 절차를 구체적으로 제시한 기술이었다.

아인슈타인은 마련된 편지 중 미국 대통령에 의해서 에너지 개발계획을 적극적으로 촉진할 것을 선택했다고 할 수 있다.

8월 2일자 편지가 실제로 프랭클린 루스벨트(Franklin Delano Roosevelt, 1882~1945) 대통령 손에 전달된 것을 10월이 되어서였다. 아인슈타인이 대통령에게 보낸 편지는 우편함에 넣은 것이 아니라 대통령을 직접 만날 수 있는 실업가이며 경제학자인 알렉산더 삭스(Alexander Sachs, 1893~1973)라는 사람에 의해서 직접 전달되었다.

이 사이인 9월 1일, 유럽에서 제2차 세계대전이 시작되었다. 대통령은 10월 19일자로 아인슈타인에게 회신을 썼으며, 그 회신에서 국립표준국장 및 육해공군의 선임(選任) 대표로 구성된 회의를 소집해 조사를 진행하겠다는 것을 명백히 했다.

대통령이 답신에서 명백하게 밝힌 위원회는 '우라늄자문위원회(Uranium Committee)'라고 하는 것으로, 최초의 회합은 10월 21일에 개최되었다. 이 회의에는 실라르드와 후에 수소폭탄의 아버지로 알려지게 된 에드워드 텔러(Edward Teller, 1908~2003)도 출석했다.

이 회의에 대한 보고는 11월 1일자로 발표되었는데, 원자폭탄은 가능하다고 했다. 하지만 그 이후 아인슈타인과 실라르드에게는 다음 해가 되어도 아무런 진전이 없는 것으로 생각되었다. 그 때문에 아인슈타인은 3월 7일자로 삭스에게 독일에서는 핵에너지 개발 연구가 착착 진행되고 있음에도 불구하고 미국에서는 아무런 진전이 없는 듯하다는 편지를 썼다. 이는 대통령에게 원자폭탄의 연구·개발을 촉진하도록 권할 것을 요구한 것이었으므로 삭스는 즉시 루스벨트에게 권고했다. 그는 대통령으로부터 4월 5일자로 지난해 10월 19일자 편지에서 언급한 회의를 다시 여는 것이 좋을 것이라는 답신을 받았다.

그 회의는 4월 28일에 개최되었다. 실라르드와 페르미도 이날의 회의에 출석했지만 처음에는 그들이 망명한 과학자이므로 기밀 유지상 출석을 허용할 수 없다는 의견이 제기되기도 했다. 이 회의 이후 우여곡절은 있었지만 사태는 확실히 진행되기 시작했다. 1942년 9월에 레슬리 그로브스(Leslie Richard Groves Jr., 1896~1970) 장군이 원자폭탄 개발을 위한 맨해튼계획(Manhattan Project)의 지휘관으로 취임했다. 그리고 그해 12월에는 페르미 팀이 시카고에서 핵분열의 연쇄 반응을 일으키는 데 성공함으로써 원자폭탄을 실현하기 위한 새로운 한 걸음을 내딛기 시작했다. 이 무렵부터 원자폭탄 제조 계획은 물리학자들의 손을 떠나 기술자들의 손으로 넘어가게 되었다.

폭로된 편지의 존재

아인슈타인은 대통령에게 원자폭탄 개발을 촉구하는 편지를 반년 정도 사이에 실질적으로는 두 통이나 쓴 셈이다. 이 반년 사이에 미국 정부 내부에서 원자폭탄 개발의 가능성이 아인슈타인과 그 밖의 과학자들의 참여 없이 검토되어 4월 무렵에 진행해도 좋다는 서명이 나왔을 가능성이 있다.

맨해튼계획에 따라 1945년 8월에는 두 발의 원자폭탄을 완성시켜 그것이 히로시마(廣島)와 나가사키(長崎)에 투하되었다. 이 계획의 개요에 대해 미국 국민에게 알리기 위한 보고서 「원자폭탄의 완성 — 스마이스 보고서」가 동년 8월 12일에 발행되었다. 미국 물리학자이며 원자력위원회 의원인 스마이스(Henry DeWolf Smyth, 1898~1986)의 이름에서 딴 보고서의 원

제목은 「군사 목적을 위한 원자 에너지 — 1940~1945년 미국 정부에 위한 원자폭탄 개발에 관한 공식 보고서」이다.

스마이스 보고서의 제3장 제4절에 다음과 같은 기술이 있다.

> …… 가을이 되자 삭스는 아인슈타인의 편지를 도움 삼아 루스벨트 대통령에게 이 분야의 연구를 장려하는 것이 바람직하다는 것을 설명했다. 대통령은 '우라늄자문위원회'로 알려진 위원회를 만들었다.

이 기술(記述)에 대해 '아인슈타인 평화 서한'은 "이로 인해서 아인슈타인의 '관여'가 알려지게 되었다"고 되어 있다. 스마이스 보고서의 이 지적은 아인슈타인에게 크나큰 충격이었을 것이다. 그는 확실히 대통령에게 원자폭탄 개발을 진언했지만 동시에 1945년 3월 25일자로 원자폭탄 사용을 포기시키려고 한 편지를 쓴 것도 사실이었다.

맨해튼계획의 물리학자 그룹은 1944년 여름 무렵부터 원자폭탄 사용에 회의적이었다. 그 이유는 그들이 원자폭탄을 개발하고자 한 최대 이유였던 독일 히틀러의 패색이 짙어졌기 때문이다. 당초 원자폭탄 개발에 열심이었던 물리학자들은 미국의 핵을 독일 핵에 대한 '억제력'으로 의식한 듯했다. 따라서 그들 대부분은 독일 이외의 국민에게 원자폭탄을 투하하는 것은 전혀 예상도 못했다.

이 때문에 아인슈타인은 그가 많은 사람을 죽인 원자폭탄 개발의 장본인인 것처럼 알려진 것이 큰 충격이었겠지만 다른 한편 자신의 책임에 대해 생각할 계기가 되기도 했을 것이다.

원자폭탄의 출현 이후 과학자의 사회적 책임을 크게 인식하게 되었으며, 그것을 다른 많은 과학자에 앞서 실감한 사람이 아인슈타인이었다.

전기화학을 확립한 스승과 제자

데이비와 패러데이

데이비의 제자가 된 패러데이

인류의 문명은 큰 파동을 그리며 발전해 왔다.

첫 번째의 파동은 산업혁명의 물결이었다. 소나 양떼를 몰고 초원을 옮겨 다니거나 사냥감을 찾아 산야를 헤매던 수렵 생활에서, 논밭을 일구어 그 인근에 거주하며 농사를 짓는 사람을 중심으로 하는 농경사회로 발전했다.

두 번째의 파동은 산업혁명으로, 인간은 기계를 사용하게 되었고, 석탄과 석유를 에너지로 이용해 많은 양의 물질을 효율적으로 생산하는 산업사회를 이룩했다. 우리들은 오늘날 이 산업사회에서 생활하고 있다. 그리고 현재는 미국의 미래학자 앨빈 토플러(Alvin Toffler, 1928~2016)가 말했듯이 과학 기술에 의해 제3의 물결이 큰 격랑을 일으키고 있다.

지나간 이야기는 이쯤에서 접어 두고, 여기서는 제2의 파동이 높아지기 시작한 19세기 말엽에 있었던 이야기 한 편을 소개하고자 한다.

사람들이 농촌에서 도시로 옮겨 가는 세태를 따라, 영국의 요크셔(Yorkshire)란 시골에서 일감을 찾아 런던 교외로 이사 온 대장간 일가가 있었으니 그들이 곧 패러데이 가족이었다.

도시로 옮겨 왔다 해서 당장 무슨 뾰족한 생계 수단이 마련되어 있었던 것은 아니었다. 패러데이 일가 역시 도시로 옮겨는 왔지만 생활이 궁핍하기는 시골에서나 도시에나 마찬가지였다. 한 덩어리의 빵으로 1주일을 견뎌야 하는 경우도 다반사였다.

그러한 생활 환경에서 출생한 패러데이였으므로 공부는 하고 싶었지만 상급 학교에는 도저히 진학할 수 없는 처지였다. 그래서 13세에 초등학교를 겨우 마치자 바로 런던에 있는 책방 겸 제본소에서 잔심부름을 하며 지내게 되었다.

마이클 패러데이

이 마이클 패러데이(Michael Faraday, 1791~1867) 소년의 일터가 책방이었던 것은 마이클 본인에게나 화학의 발전에 매우 다행한 일이었다고 할 수 있다. 어떻든 마이클은 돈이 없어도 많은 책을 읽을 수 있었다.

마이클이 읽은 책 중에는 제인 마세트(Jane Marcet, 1769~1858) 부인이 쓴

『화학 이야기(*Conversations on Chemistry*)』란 책도 있었다. 마이클은 이 책에 특별한 관심을 가져, 그의 일생의 방향을 결정하는 데 큰 영향을 미쳤을 것이라고 한다.

7년이란 긴 세월 동안 블랜퍼드 스트리트(Blandford Street) 48번지에 있는 책 제본소에 근무하던 어느 날, 왕립연구소의 회원이자 음악가인 윌리엄 댄스(William Dance, 1755~1840)라는 한 고객이 책 읽기를 즐기는 마이클을 눈여겨보았는지 당시 유명한 한 강좌의 수강권을 선물해 주었다. 그것은 바로 영국 왕립연구소에서 하는 험프리 데이비(Humphry Davy, 1778~1829) 교수의 연속 강좌 수강권이었다. 이것도 마이클에게는 운명의 큰 전환점이 되었다.

데이비의 강좌는 마이클을 크게 매료시켰다. 자나깨나 데이비의 강연이 마이클의 마음을 사로잡았다. 그리하여 결국 당돌하게도 데이비에게 직접 편지를 보내 조수로 채용해 주기 바란다고 사정을 하게 되었다.

어느 날, 학수고대하던 회신이 왔다.

"수요일, 케닝스타운, 스트리트의 실험실로 오기 바란다.
1812년 4월 14일 데이비"

마이클은 이 세상에서 가장 큰 선물을 받은 기분으로 이 짤막한 사연의 편지를 몇 번이나 되풀이해 읽었다.

데이비의 어린 시절

당시 촉망받는 신예 화학자로, 왕립연구소(Royal Institution) 교수였던 험프리 데이비가 무슨 생각에서 고작 제본소의 한낱 사동(使童)에 불과한 마이클을 만나려고 했던 것일까.

사실은 험프리 자신도 마이클과 비슷한 불우한 소년 시절을 겪었던 것이다. 험프리는 16세 때 아버지가 세상을 떠났다. 따라서 그의 어머니는 6남매를 거느리고 살아야 했으므로 생활이 매우 어려웠다.

그 때문에 험프리 역시 마이클과 마찬가지로 소도시의 의원 겸 약국에 취직해 생활을 돕지 않을 수 없었다. 공부가 하고 싶은 험프리는 날마다 2시간씩 일찍 일어나 화학 공부를 했다.

험프리의 열성에 감동한 약국 주인은 그를 어느 개인 기체 연구소의 조수로 알선해 주었다. 그러자 험프리는 물을 만난 고기처럼 연구에 정열을 쏟았다. 그리하여 얼마 지나지 않아 이산화질소의 마취 작용을 발견함으로써 세상의 주목을 받기 시작했고, 2년 후에는 왕립연구소의 강사가 되었다.

험프리 데이비

그러나 더욱 놀라운 것은, 24세

의 젊은 나이로 왕립연구소의 교수가 되었다. 이로부터 몇 년 사이에 전기 분해를 통해 나트륨(Na), 칼륨(K), 칼슘(Ca), 스트론튬(Sr) 등의 새로운 원소를 속속 발견해 세계의 과학자들을 놀라게 했다.

마이클에게 회신을 보낸 당사자는 이처럼 연속적으로 큰 발견을 한 촉망받는 35세의 신예 화학자 험프리 데이비였던 것이다. 데이비는 자신과 비슷한 길을 걷고 있는 13세 연하의 마이클에게 남다른 연민의 정을 느낀 것인지도 모른다.

새로운 원소를 발견한 데이비

데이비는 어떻게 무슨 재주로 그토록 여러 개의 새로운 원소를 발견했을까. 이 지구상에는, 아니 이 우주에는 헤아릴 수 없을 정도의 많은 물질이 존재한다. 그러나 그 많은 물질도 가장 근본이 되는 성분, 즉 원소(element)의 수는 그다지 많지 않은 90종 정도에 불과하다. 그 90종 정도의 원소가 이렇게 저렇게 혼합하거나 결합해 많은 물질을 생성하고 있다.

이 원소 중에는 금이나 백금처럼 다른 원소와 결합하는 힘이 약하기 때문에 단독으로 존재하는 것도 있다. 단독으로 존재하는 원소를 단체(單體)라고 한다.

그러나 대부분의 원소는 지구상에서는 다른 원소와 결합해 화합물(compound)로 되어 있다. 예를 들면, 철은 산소와 결합해 적철광(hematite)이나 자철광(magnetite)으로 태어난다. 또 철을 단체로 얻기 위해서는 용광로 속에서 코크스(cokes)와 함께 가열해 산소를 빼내야 한다. 많은 원소는 철과 마찬가지로 코크스와 가열하면 단체로 얻어 낼 수 있다. 이는 코크스의 성분인 탄소가 산소와 결합하는 매우 강하기 때문에 광석 속의 산소를 빼내기 때문이다.

하지만 탄소보다도 산소와 결합하는 힘이 더욱 강한 원소가 있다. 그것은 코크스와 가열해도 단체로는 되지 않는다.

데이비는 전기의 힘으로 그러한 원소를 얻는 방법을 찾았다.

유리 막대를 견직물에 문지르면 전기가 발생한다는 것은 일찍이 그리스 시대부터 알려져 있었다. 그러나 인간이 전류로써 전기를 얻게 된 것은 알레산드로 볼타(Alessandro Volta, 1745~1827)가 전지를 발명한 때부터이다. 그것은 바로 19세기의 새날이 밝으려는 전야, 즉 1799년이었다.

데이비는 이 볼타 전지를 2,000개나 연결해 새로운 원소를 얻기 위해 도전했다. 그러나 그가 바라는 화합하는 힘이 강한 원소는 수분이 있으면 얻어지더라도 바로 물과 반응해 얻어지지 않는다. 그래서 데이비는 수분이 없이 물질을 가열해 용해된 액체로 만들고, 그 액체에 전극을 꽂아 보기로 했다. 그것이 성공해 불과 2년도 안 되는 사이에 일곱 종류의 새로운 원소가 세상에 출현하게 되었다.

전류의 전자기 작용도 발견하다

데이비의 조수가 된 마이클 패러데이는 바로 그해 데이비를 수행해 유럽 여러 나라의 권위 있는 과학자들을 방문하게 되었다. 전류의 단위인 암페어에 이름을 남긴 프랑스의 물리학자 앙페르(André Marie Ampère, 1775~1836), 근대 지리학의 창시자인 독일의 지리학자 훔볼트(Friedrich H. Alexander Humboldt, 1769~1859), 기체의 법칙에 이름을 남긴 프랑스의 물리학자 게이뤼삭(Joseph Louis Gay-Lussac, 1778~1850), 전지의 발명자인 이탈리아의 화학자 볼타(Alessandro Volta, 1745~1827) 등의 유명한 과학자들을 만나는 귀중한 경험을 했다.

패러데이의 최초의 발견은 이산화탄소나 염소 등의 가스를 냉각시켜 액체로 만드는 것이었다. 말하자면 저온 과학의 창시자라고 할 수 있다.

그리고는 곧 전류의 전자기 작용을 발견했다. 코일에 전류를 흘리면 코일이 자석과 같은 작용을 하는 것이 전자기 작용이다. 우리들의 생활 주변에도 이 전자기 작용을 이용한 것은 여러 가지가 있다. 예를 들면, 전화의 수화기, 스피커, 그리고 모터가 회전하는 것도 이 전자기의 작용에 의해서이다.

반대로, 자석을 사용해 전류를 얻을 수는 없을까? 패러데이는 이 연구에 10년이나 매달려 1831년에 드디어 성공했다. 현재도 발전소에서는 이를 응용해 전기를 생산하고 있으며, 자석 사이에서 코일을 회전시킨다. 발전기의 발명으로 인간은 전류라는 편리한 에너지를 다량으로 사용하게 되었다.

패러데이는 데이비의 뒤를 이어 학사원 교수가 되었고, 전기화학 분야에서도 많은 연구를 했다. 오늘날 화학 교과서들을 펼쳐 보면 어느 책에서나 전기화학 부분에서는 '패러데이의 법칙'이란 것이 실려 있다.

러시아와 오스만 제국, 영국, 프랑스 등이 싸운 크림전쟁(Crimean War, 1853~56)이 끝나자 영국 정부는 패러데이에게 독가스를 만들 수 있겠느냐고 문의했다. 패러데이는 만들 수는 있지만 자신은 절대로 그런 일은 하지 않는다고 대답했다. 독가스는 제1차 세계대전 때부터 사용되기 시작했는데 세계의 과학자들이 모두 패러데이처럼 단호한 태도를 취했다면 전쟁의 비참함을 어느 정도 막을 수 있었을 것이다.

패러데이에게는 자녀가 없었다. 그러나 아이들을 아끼고 사랑하는 마음은 지극해서, 어린이들을 위해 재미있는 과학 이야기를 즐겨 했다. 그러한 이야기들을 묶어 펴낸 책 『양초한 자루에 담긴 화학 이야기(*The Chemical History of a Candle*)』(1860)는 오늘날까지도 많은 사람에게 애독되는 명작으로 남아 있다.

1858년, 67세가 된 패러데이는 빅토리아 여왕으로부터 '영예의 집'을 선물로 받았다. 그리고 9년 후 76세 때 이 집에서 조용히 생애를 마쳤다.

대중에게 과학이라는 새로운 세계를 보여 준 캐번디시

1세기 후에 발굴된 선구적인 업적

침묵의 과학자

헨리 캐번디시

전자기학(電磁氣學)의 체계화(體系化)를 이룩한 19세기의 대표적 물리학자의 한 사람인 영국의 제임스 클러크 맥스웰(James Clerk Maxwell, 1831~1879)은 1874년, 한 세기 동안이나 아무도 모르게 잠들어 있던 영국의 화학자 · 물리학자인 헨리 캐번디시(Henry Cavendish, 1731~1810)의 전기에 관한 방대한 양의 미발표 원고를 발굴했다. 그 내용을 일독한 맥스웰은 자신의 눈을 의심할 정도로 놀랐다. 그 원고에는 쿨롱의 법칙(Coulomb's law)과 옴의 법칙(Ohm's law) 등 분명 캐번디시 사후에 발견된 중요 전기에 관한 연구가 확연히 기술되어 있었기 때문이다.

맥스웰은 매료된 듯이 그 미발표 원고 정리에 몰두했을 뿐만 아니라 맥스웰이 한 실험을 스스로도 다시 실험해 보며 위대한 선인(先人)의 발자취를 추적했다. 이렇게 해서, 1879년 맥스웰의 편집에 의한 캐번디시의 미발표 논문집이 케임브리지 대학 출판부에서 간행됨으로써 파묻혀 있던 전기학 연구의 전모가 밝혀지게 되었다.

본인의 사후 어떠한 계기로 생전에 무시되었던 작품이나 업적에 돌연 스포트라이트가 비추어진 것은 그다지 드문 사례는 아니다. 그러므로 캐번디시의 이 사례도 그렇게 가끔 발견되는 업적의 일부에 지나지 않는다고 생각하게 될지 모른다.

하지만 캐번디시의 경우는 다른 일반적인 사례와는 본질적으로 다른 점이 있다. 그것은 그가 스스로의 의지로 물리·화학의 광범위한 영역에 걸친 연구 성과의 대부분을 발표하려고 생각하지 않았다는 점이다.

그가 스스로의 의지(意志)로 발표한 논문은 전부 18편이 알려져 있으며, 그 모두가 런던왕립협회의 회지 『철학회보(*Philosophical Transactions*)』에 게재되어 있다. 이들 논문을 통해 캐번디시는 생전에 이미 같은 시대의 과학자 사이에 그 나름의 평가를 받고 있었지만 그것은 그가 성취한 결과의 극히 일부, 빙산의 일각에 지나지 않았다.

질적으로나 양적으로나 그 몇 배에 이르는 실험 결과를 살아 있는 동안 누구에게도 언급하지 않고 캐번디시는 생을 마감했다 캐번디시의 이와 같은 행위는 일반 사람의 이해를 뛰어넘는 것이라 할 수 있다. 당연히 왜 뛰어난 업적을 스스로 묻어 두었을까 하는 소박한 의문을 갖게 된다.

지금 '일반 사람의 이해를 뛰어넘는' 것이라고 표현했는데, 캐번디시의 특이한 퍼스낼리티(personality)는 바로 이 말에 부합되는 것이었다. 무척이나 내성적인 성격으로, 여성 공포증은 물론 사교를 기피했으며 사람들과 대화한 적도 거의 없었다고 한다. 왕립협회의 정례 회의에 참석하는 외에는 교제를 끊고 오직 사저 안의 실험실에 틀어박힌 채 매일 연구에 몰두했다고 한다. 그는 연구 발표뿐만 아니라 사생활에서도 '침묵'의 과학자였다.

캐번디시의 최초의 전기(傳記)는 1851년 영국의 화학자 조지 윌슨(George Wilson)에 의해서 저술되었다(『헨리 캐번디시의 생애(*The Life of the Honourable Henry Cavendish*)』(1851). 그 전기에서 윌슨은 먼저 캐번디시의 가계(家系)를 소개한 후 그의 생애(生涯)에 대해 언급하고 이어서 캐번디시의 화학 연구에 대해 상세한 해설을 했다.

전기의 주인공은 언급한 바와 같이 상당한 이색적인 성격의 소유자였기 때문에 발표된 논문이나 남겨진 원고류를 제외하면 개인적인 생활을 알아볼 수 있는 자료는 거의 남아 있는 것이 없다(사람들과 별로 상종하지 않았으므로 무리도 아니지만).

유일하게 기댈 곳은 생전의 그를 아는 사람들이 그에 관해

단편적으로나마 언급한 여러 증언이다. 이처럼 동시대인의 증언을 귀중한 자료로 삼아 윌슨은 전기에서 캐번디시의 인품을 그려 놓았다. 따라서 이 책에서 소개하는 캐번디시의 프로필도 윌슨에 의해서 쓰여진 전기에 의거했음을 밝힌다.

핸리 캐번디시는 1731년 10월 10일 남프랑스 사르디니아 왕국(Kingdom of Sardinia) 니스(Nice)에서 태어났다. 아이작 뉴턴(Isaac Newton, 1642~1727)이 작고하고 나서 4년째가 되는 해이다. 그의 부친은 제2대 데번셔 공(Duke of Devonshire)의 5남인 찰스 캐번디시(Charles Cavendish)이고, 어머니는 켄트 공(Duke of Kent)의 4녀인 안 그레이(Anne Grey)이다. 즉, 캐번디시는 양친 모두 공작가인 영국 명문 귀족의 장남으로 태어났다.

이러한 영국의 명문 귀족 아들이 프랑스의 니스에서 태어난 것은 병약한 그의 어머니 안 그레이가 기후가 온난한 곳에 요양차 와 있었기 때문이다. 그러나 보람도 없이 그녀는 2년 후 두 번째 아들인 프레데릭(Frederick)을 런던에서 출산하자 얼마 지나지 않아 세상을 떠났다. 그러니 캐번디시는 2세 때 모친을 잃은 셈이다.

그의 유년 시절 모습은 거의 알려진 것이 없지만 1742년 11세 때 당시 런던에서 명망이 높았던 해크니 신학교(Hackney Academy)에 입학해 1749년에 그 학교를 졸업했다. 그리고 같은 해 12월 케임브리지의 피터하우스(Peterhouse)로 알려진 세인트 피터스 칼리지(St. Peter's College)에 진학했다. 하지만 3년 여나 공부에 열중하다가 1753년 2월 무슨 이유에서인지 그는 학위도 취득하지 않고 갑자기 대학을 중퇴하고 말았다. 상세한 사정은 알 수 없지만 이미 젊을 때부터 세속의 명예를 초탈하는 성벽이 발동한 것인지도 모른다.

당시 영국 귀족의 아들들은 유럽 대륙, 특히 문화의 중심지인 프랑스와 이태리를 여행해 국제인으로서의 교양을 익히는 것이 유행이어서 캐번디시도 동생인 프레데릭과 함께 파리를 여행했다. 대륙으로 여행을 하게 된 경위와 여행 중에 어떠한 체험을 했는지는 애석하게도 알려진 것이 없다. 저자 멋대로의 상상을 허용한다면 아마도 부친인 찰스가 당시의 귀족 사회 습관에 따라 내성적인 아들을 다독여 도버 해협(Strait of Dover)을 건너게 한 것으로 추측된다.

그러나 대륙의 공기를 약간 마신 정도로는 캐번디시의 내성적인 성격이 변할 리가 없었다. 영국으로 돌아온 후 그는 평생 사저에 틀어박혀 과학 실험에만 탐닉하는 생활에서 한 발자국도 벗어나려 하지 않았다.

그의 아버지인 찰스 캐번디시 경도 과학에 조예가 깊은 왕립협회 회원으로 관측 기기의 고안과 전기학을 연구한 것으로 알려져 있다. 이와 같은 가정 환경이 캐번디시의 성격과도 부합해 그가 과학 연구에 몰입하게 된 큰 요인이 되었으리라는 것은 쉽게 상상할 수 있다.

이와 같은 아버지의 뒷바라지가 있어서였는지 1760년 캐번디시는 왕립협회에 입회했다. 그리고 그가 최초의 논문인 「인공 공기에 관한 실험에 관한 3편의 논문(Factitious Airs)」을 왕립협회가 발행하는 『철학회보』에 발표한 것은 1766년 35세 때였다.

이 무렵부터 화제는 드디어 과학자로서의 캐번디시로 옮겨가게 되는데, 그 전에 좀 더 이 특이한 인물의 사생활을 살펴보기로 하겠다.

큰 부자가 된 과학자

캐번디시를 거론할 때 잊어서는 안 되는 대목은 그가 인생의 후반에 접어들었을 무렵, 돌연 막대한 재산을 움켜쥐게 되었다는 사실이다. 하지만 그의 전기(傳記)를 정리한 윌슨도 기록한 바와 같이 캐번디시가 언제, 누구로부터 재산을 물려받았는지 전혀 밝혀지지 않고 있다.

1783년에는 런던 캠든(Camden) 구에 위치한 블룸스버리(Bloomsbury)의 저택에서 30년 간이나 함께 생활한 아버지가 작고했다. 장남인 캐번디시는 당연히 아버지의 유산을 상속받았을 것이지만 그 이전부터 그는 이미 써도써도 모자라지 않을 정도의 재산을 갖고 있었다는 동시대 여러 사람의 증언이 전해지고 있다.

출처는 아무튼, 그의 재력을 훑어보면, 1810년에 그가 사망했을 때 액면 115만 파운드의 공채(公債)를 소유해 영국 최대의 공채 보유자였을 뿐만 아니라 매년 약 8천 파운드의 수입이 보장된 재산과 운하 그리고 기타 개인 재산을 갖고 있었다. 또 은행에는 5만 파운드의 예금이 있었다고 한다.

왕립협회와 캐번디시

과학 연구에 몰두해 온 캐번디시에게 사회와의 유일한 접점은 오직 왕립협회(Royal Society)뿐이었던 만큼 캐번디시와의 관련도 깊으므로 여기서 간단하게 왕립협회를 소개하겠다.

왕립협회의 기원은 17세기 중엽으로 거슬러 올라간다. 이 무렵 영국에는 과학에 관심을 가진 사람들의 동호회(同好會)가 여러 개 만들어져 그 활동이 왕성했다. 물리학자인 로버트 보일(Robert Boyle, 1627~1691), 과학자 로버트 훅(Robert Hooke, 1635~1703), 영국의 건축가 크리스토퍼 렌(Christopher Wren, 1632~1723) 등이 중심이 되어 1660년에 국왕에게 호소해 과학자의 공적인 단체를 설립하려는 운동이 시작되었다. 그 성과가 결실을 맺어 2년 후인 1662년 국왕으로부터 정식 허락을 받아 왕립협회 — 정식으로는 자연과 기술에 관한 지식을 증진하기 위한 런던 왕립협회 — 가 발족하게 되었다.

또 1665년 3월 6일에는 초대 사무국장으로 재직한 헨리 올덴버그(Henry Oldenburg, 1619~1677)의 발안으로 협회의 회지 『철학회보(*Philosophical Transactions*)』가 창간되었다. 이것은 정기적으로 간행된 세계 최초의 학술 잡지로서 회원이 연구

성과를 정보 교환하는 중요한 마당으로 활용되었다.

또 회장으로는 당초 귀족이나 정부 고관이 명예직으로 취임하는 사례가 많았다. 예를 들면 유명한 『일기』를 기록해 남긴 것으로 알려지고 해군대신으로 재직한 새뮤얼 피프스(Samuel Pepys, 1633~1703), 재무대신으로 재직한 찰스 몬터규(Charles Montagu, 1661~1715) 등의 이름을 볼 수 있다.

하지만 1703년에 뉴턴이 회장으로 취임하자 왕립협회의 그러한 분위기는 일변했다. 그는 생을 마감한 1727년까지 24년간 걸쳐 왕립협회에 군림했다.

또 뉴턴의 장기 집권의 기록을 갱신한 사람은 캐번디시 시대에 회장으로 재직한 조지프 뱅크스(Joseph Banks, 1743~1820) 경이었다. 뱅크스는 영국의 탐험가 캡틴 쿡(Captain Cock; James Cook)과 남태평양을 탐험(1768~1771)한 것으로 알려진 박물학자이다. 그는 1778년부터 역시 작고하는 1820년까지 무려 42년간이나 회장직에 머물렀다.

은퇴한 사람처럼 살아온 캐번디시도 왕립협회의 모임이나 뱅크스의 저택에서 벌어지는 파티에는 종종 참석한 것 같다. 그러한 자리에 나타난 캐번디시의 특이한 모습은 앞에서도 언급한 바와 같이 동시대의 저명한 인사들의 '목격담'으로서 윌슨이 엮은 전기에 수록되어 있다.

예를 들면 뱅크스 다음, 즉 1820년에 왕립협회 회장이 된 화학자 험프리 데이비도 캐번디시가 사망했을 때의 추도문에서 다음과 같이 언급하고 있다.

"캐번디시는 매우 특이한 성격의 위대한 인물이었다. 그는 낯선 사람이 곁에 있으면 불안한듯이 제대로 말도 하지 못했다. 하지만 캐번디시는 매우 총명하고 학식이 깊어 그 시대 영국의 철학자 중에서 재능이 가장 뛰어난 인물이었다."

말이 없고 사람을 피하며 두려워하는 거동과는 정반대로, 캐번디시가 일류 과학자란 것을 사람들은 익히 알고 있었다. 그것은 『철학회보』에 일부 발표된 그의 논문이 높은 평가를 받았을 뿐만 아니라 아직 발표하지 않은 중요한 연구 성과가 존재하는 것을 왕립협회의 회원들은 모두 어슴푸레하게나마 감지하고 있었기 때문이다.

발표된 논문

앞에서도 기술한 바와 같이 캐번디시는 생전에 연구 성과의 극히 일부를 18편의 논문에 종합해 『철학회보』에 발표했다(이 밖에, 왕립협회로부터 위탁받은 위원회 보고 형식의 것이 2편 알려지고 있다). 그것을 연대순으로 소개하면 다음의 표와 같다.

논문의 제목을 보면 '인공 공기', '플로지스톤(phlogiston)', '탄성 유체' 등, 오늘날에 와서는 대부분 생소한 용어가 보이는데, 이것들은 모두 당시(18세기 후반~19세기 초반)의 화학, 물리학의 중요한 개념이었다.

캐번디시의 최초의 논문은 1766년의 '인공 공기(人工空氣)'

의 실험에 관한 3편의 논문이었다(그는 이 연구로 왕립협회로부터 코플리 메달[Copley Medal]을 받아 높은 평가를 얻었다).

캐번디시의 발표 논문

1. 인공 공기의 실험에 관한 3편의 논문(1766년)
2. 런던 라스본 광장의 물에 관한 실험(1767년)
3. 중요한 몇 가지 전기 현상을 탄성 유체에 의해서 설명하는 시도(1771년)
4. 전기메기(Torpedinidae: 전기가오리과의 일종)의 작용을 전기에 의해서 모방하는 몇 가지 시도에 대하여(1776년)
5. 왕립협회 하우스에서 사용된 기상관측 기기의 설명(1776년)
6. 새로운 뉴디오미터의 설명(1783년)
7. 수은이 어는 온도를 측정하는 허친스 씨의 실험에 대한 의견(1783년)
8. 공기에 관한 여러 실험(1784년)
9. 공기의 실험에 대한 카완 씨 의견에 답하다(1784년)
10. 공기에 관한 실험(1785년)
11. 허드슨만의 헨리하우스에서 존 맥나브 씨에 의해서 실시된 혼합 액체의 동결에 관한 실험에 대하여(1786년)
12. 허드슨 만의 앨버니 포트에서 존 맥나브 씨에 의해서 실시된 실험에 관하여(1788년)
13. 탈(脫)플로지스톤 공기와 플로지스톤화한 공기 혼합물의 전기불꽃에 의한 아질산으로의 변환(1788년)
14. 1784년 2월 23일에 관측된 번쩍이는 빛의 아치의 고도에 대하여(1790년)
15. 힌두교의 역년(歷年)과 그 분할에 대하여, 찰스 윌킨스 씨 소유의 3개 역(曆)의 설명(1792년)
16. 헨리 캐번디시 씨가 멘도사 소 리오 씨에게 보낸 서한(1795년 1월)의 발췌(1797년)
17. 지구의 밀도를 측정하는 실험(1798년)
18. 천문 관측 장치의 눈금 매기는 법의 개량에 대하여(1809년)

이 논문에서 캐번디시는 아연, 철, 주석 등의 금속을 산(酸) 속에서 녹이면 가연성의 공기(당시 공기라는 용어는 기체 일반의 의미했다)가 발생하며, 그 무게는 보통 공기의 11분의 1에 불과하다는 것을 보고했다. 즉, 인공 공기란 지금 설명한 바와 같이 인공적 조작에 의해 물질(금속)에서 방출시킨 공기(기체)를 이른 셈이다.

이미 알았겠지만 이것은 요컨대 수소를 발견한 것이다. 단, 이때 캐번디시는 이 가연성 기체를 플로지스톤으로 상정(想定)했다. 그것이 플로지스톤이 아니라 수소라고 처음 확인한 사람은 프랑스의 화학자 앙투안 라부아지에(Antoine Laurent Lavoisier, 1743~1794)였다.

여기서 플로지스톤에 대해 간단하게 설명해 보도록 하겠다. 18세기 초 독일의 의학자 게오르크 에른스트 슈탈(Georg Ernst Stahl, 1660~1734)은 물질의 연소를 설명하는 데 플로지스톤이라는 이름을 붙인 원소를 도입했다.

그에 의하면 목탄이나 석탄 같은 연소하기 쉬운 물질에는 많은 양의 플로지스톤이 포함되어 있으며, 연소가 일어나면 물질에서 플로지스톤이 빠져 나가고 뒤에 재가 남는다고 생각했다. 금속을 태우면 금속재가 생기는 것도 거기서 플로지스톤이 방출되기 때문이라고 보았던 것이다. 이와 같은 연소 이론은 18세기까지 일반적으로 널리 받아들여지고 있었다. 그런 관계로 캐번디시는 자기가 발견한 가연성 기체를 금속에서 빠져 나온 플로지스톤이라고 해석한 것이다.

캐번디시의 13번째 논문에 보이는 '플로지스톤화한 공기'란 이와 같이 플로지스톤이 충만한 공기(그 속에서는 연소가 일어나지 않는 공기)를 이른다. 이것은 오늘날에 말하면 바로 질소이다. 또 '탈(脫)플로지스톤 공기'란 역으로 플로지스톤을 받아들일 여지가 충분히 있는 공기(그 속에서는 물질이 연소하기 쉬운 공기)를 이르며 오늘날의 산소인 것이다. 즉, 이 논문에서 캐번디시는 전기 불꽃에 의해서 산소와 질소를 결합시켜 발생한 기체를 물에 녹이면 아질산이 얻어지는 것을 보여 준 것이다.

캐번디시는 밀폐한 용기 안에 보통 공기와 가연성 공기(수소)를 넣고 전기 불꽃으로 연소시키면 물이 발생하는 것을 확인했다. 즉, 산소와 수소가 화합하면 물이 합성되는 것을 실증한 것이다. 단, 캐번디시는 앞에서 기술한 바와 같이 당초 가연성 기체를 플로지스톤이라 상정하고 있었지만 이 무렵에는 그것을 플로지스톤과 물이 결합한 것이라고 생각하게 되었다. 따라서 실험 결과를 연소에 의해 가연성 공기에서 플로지스톤이 빠져 나가고 뒤에 물이 남은 것이라고 해석했다.

이처럼, 수소 발견에 관해서나 물의 합성이나 그 해석 방법은 분명히 시대의 제약을 받았는지 모르지만 캐번디시가 실시한 정밀하고 정량적인 실험은 실질적으로 증명해 냈다.

화학 다음에 전기에 눈을 돌리면 이 분야는 불과 2편의 논문만 발표되었을 뿐이다. 나머지 업적(사실은 나머지 분량이 몇 배나 더 많은 편이다)은 맥스웰에 의해서 발굴되기까지 근 1세기 동안이나 묻혀 있었다.

묻혀 있던 업적에 관해서는 다음 기회가 있으면 소개하기로 하고 여기서는 발표된 연구의 요점을 소개하겠다.

우선 1771년의 논문에서 캐번디시는 전기는 특수한 미립자의 흐름(그것이 논문의 제목이 「탄성유체」)이고, 미립자끼리는 반발하지만 보통 물질을 구성하는 입자와는 끌어당겨 합한다는 가설에 바탕해 전기 문제를 일반적으로 폭넓게 고찰했다. 그중에는 포텐셜(potential)에 상당하는 개념이 일찍이 도입되었다. 현재의 우리에게 유쾌하게 느껴지는 것은 그 다음의 전기메기의 작용에 관한 논문(1776년)이다.

18세기 후반에는 아직 전지가 발명되지 않아서 라이덴 병(Leyden jar)이라는 일종의 축전기가 전원으로 사용되었다. 사정이 그러했으므로 특수한 어류의 체내에 축전기의 구실을 하는 기관(器官)이 있는 점에 캐번디시를 비롯한 당시의 과학자들은 관심을 가졌다. 또 어류를 참고로 해서 전기의 발생과 전도의 메커니즘을 탐구하려는 의도도 있었다고 믿어진다.

캐번디시는 라이덴 병을 여러 개 배열해서 인공 전자가오리를 만들어 고기에 접촉했을 때 인간이 느끼는 전기 쇼크를 체험하기도 했다.

끝으로 1798년에 발표된 「지구의 밀도를 측정하는 실험」에 관해서도 간단하게 언급한다면, 이것은 그의 업적 중에서 가장 많이 알려진 것인지도 모른다. 이 실험에서 캐번디시는 정밀한 측정을 반복해 지구의 평균 밀도가 물의 5.48배라는 것을 제시했다.

또 물리 교과서에는 대개 중력(만유인력) 정수(定數)를 구하기 위해 캐번디시가 이 실험을 한 것으로 소개하고 있지만 그것은 엄밀하게 말해서 올바른 설명이 아니다. 그가 측정하려고 한 것은 어디까지나 지구의 밀도였고, 논문에서 중력 정수에 관해서는 전혀 언급하지 않았기 때문이다.

물론 캐번디시의 실험 결과를 이용해 후세의 인간이 중력 정수를 계산으로 구하는 것은 가능하다. 하지만 그것은 뒤에 와서의 해석이고, 18세기의 과학자에게는 아직 물리의 보통 정수를 측정하려는 생각은 없었다.

산더미 같은 미발표 논문

이상이 대충 생전에 캐번디시가 발표한 연구의 개요이다. 그러나 거듭 언급한 바와 같이 1810년, 그는 막대한 재산과 함께 막대한 양의 미발표 원고를 남겨 두고 눈을 감았다.

그의 사후 미발표 논문이 처음 햇빛을 보게 된 것은 영국과학진흥협회 회장인 하코트에 의해서였다. 벌링턴 백작(후의 제7대 데번셔 공작)이 보유하고 있던 캐번디시의 유고를 정독한 하코트는 1839년 『영국과학진흥협회 보고』에서 화학과 열에 관한 미발표 원고 일부를 본인을 대신해 발표했다.

그에 의하면, 예컨대 캐번디시는 1764년 비산(砒酸, arsenic acid)을 발견했다. 비산을 발견했다고 처음 발표한 사람은 스웨덴의 화학자 카를 빌헬름 셸레(Karl Wilhelm Scheele, 1742~1786)였으나 캐번디시의 연구는 그보다 10년이나 앞선 것을 알 수 있다. 단지 선행했을 뿐만 아니라 캐번디시가 발견한 비산의 제조법은 셸레의 것보다 간편하고 실용적이었다.

같은 무렵 캐번디시는 열에 대한 연구에도 깊이 정진했다. 그가 남긴 실험 노트에 의하면 그는 '비열(比熱)의 법칙'을 발견하고 여러 가지 물질의 비열을 표로 정리했음을 알 수 있다. 또 액체의 응고, 기체의 응축을 조사해 잠열(潛熱)을 발견했다.

과학사의 연표를 보면 비열과 잠열은 캐번디시가 열에 관한 실험을 하기 수년 전 영국의 화학자・물리학자인 조지프 블랙(Joseph Black, 1728~1799)이 이미 발견한 것을 알 수 있다. 그러나 블랙은 자신의 연구를 글래스고 대학과 에든버러 대학의 강의에서 구술했을 뿐이었으므로 그 정보는 캐번디시에게 전해지지 못했다. 즉, 블랙과는 별개로 캐번디시는 열의 기본적인 법칙에 도달한 것이다.

열을 연구한 캐번디시의 선구성을 나타내는 예는 1921년에 출판된 『헨리 캐번디시 과학논문집』 제2권에서, 그 책을 편집한 영국의 과학자 소프에 의해서도 수많이 지적되고 있다. 이야기가 나온 김에 그 가운데서도 몇 가지 간단하게 소개하겠다.

1777년에서 1779년에 걸쳐 캐번디시는 온도에 대한 증기압의 변화를 정밀하게 측정했다. 영국의 존 돌턴(John Dalton, 1766~1844)이 증기압의 측정 결과를 발표한 것이 1805년 무렵이므로 그보다 4반 세기 앞선 셈이다. 또 양자의 측정 결과를 비교해 보면 앞서 구한 캐번디시의 값이 정확했다. 1830년대까지 돌턴의 부정확한 값이 광범위하게 사용되었다는 것을 생각하면 캐번디시가 논문을 발표하지 않은 것이 매우 아쉬운 일이었다고 소프는 토로했다.

이 실험에 이어 1779년에서 1780년에 걸쳐 캐번디시는 기체의 열 팽창률을 측정했다. 보통 공기, 탈플로지스톤 공기(산소), 플로지스톤화한 공기(질소) 등 다양한 기체를 사용해 실험한 결과 팽창률은 기체의 종류에 상관 없이 일정해서 그 값은 화씨 1도당 약 370분의 1이란 것을 밝혔다. 이것은 1787년에 프랑스의 물리학자 자크 샤를(Jacques Alexandre César Charles, 1746~1823)이 발견했으나 발표하지 않았는데 잘 알려진 1801년 프랑스의 물리학자 조제프 루이 게이뤼삭(Joseph Louis Gay- Lussac, 1778~1850)이 확립한 게이뤼삭의 법칙(Gay Lussacs law, Charle's law) 바로 그것이다.

이러한 일련의 실험을 기록한 캐번디시의 노트에는 1778년 12월 25일이라든가 1779년 1월 첫날의 날짜가 엿보인다. 연구에 몰두한 캐번디시에게 크리스마스나 설날 같은 것은 안중에 없었던 것 같았다고 소프는 회상하고 있다.

캐번디시는 이처럼 수많은 발견을, 그것도 앞서 이룬 셈인데, 지금까지 소개한 예는 그 일부에 지나지 않는다. 벌링턴 백작(Earl of Burlington)의 수중에는 아직 이 밖에 20여 묶음의 전기에 관한 캐번디시의 미발표 원고가 보관되어 있었다.

파묻혀 있는 전기의 연구에 주목해 그 중요성을 처음 지적한 사람은 윌리엄 스노 해리스(William Snow Harris, 1791~1867) 경이었다. 벌링턴 백작으로부터 넘겨받은 캐번디시의 미정리 원고를 일목한 해리스는 "캐번디시의 연구는 샤를 어거스틴 드 쿨롱(Charles Augustin de Coulomb, 1736~1806)을 비롯한 많은 과학자의 논문을 통해서 오늘날 알려지고 있는 모든 위대한 업적에 앞선 것이었다"고 놀라운 소감을 남긴 사실이 윌슨의 『헨리 캐번디시의 생애』에 기록되어 있다.

또 1849년에 해리스로부터 캐번디시의 원고를 빌려 본 글라스고 대학의 윌리엄 톰슨(William Thompson, 1824~1907) — 후에 켈빈(Kelvin) 경도 그에 대해 "캐번디시의 원고는 매우 가치 있는 결과의 보고이므로 완전한 형태로 출판되는 것을 간곡히 희망한다"고 소감을 피력했다.

그러나 계획이 별로 진행되지도 못한 단계에서 원고를 소지했던 해리스가 사망했다. 그 때문에 마찰 전기에 관한 캐번디시 연구의 극히 일부가 그해 출판되었을 뿐이다.

이와 같은 원대한 계획이 좌초되는 것으로 예견되었을 때 역사는 이 계획을 수행하는 데 더 말할 나위도 없는 적역을 선출했다. 그것이 바로 제임스 클러크 맥스웰(James Clerk Maxwell, 1831~1879)이었다.

1874년에 제7대 데번셔 공(벌링턴 백작은 1858년 공작의 작호를 이어받았다)은 20다발의 원고더미를 맥스웰에게 넘겼다. 그리하여 5년간에 걸친 맥스웰의 발굴 작업 드라마가 시작된 것이다.

과학자의 에피소드

2019년 1월 10일 인쇄
2019년 1월 15일 발행

저　자 : 과학나눔연구회 정해상
펴낸이 : 이정일

펴낸곳 : 도서출판 **일진사**
www.iljinsa.com
(우) 04317 서울시 용산구 효창원로 64길 6
전화 : 704-1616 / 팩스 : 715-3536
등록 : 제1979-000009호 (1979.4.2)

값 13,800 원

ISBN : 978-89-429-1561-3